U0122641

萬物皆有理

——你很熟悉但未必明白的那些事兒

雲無心　著

目錄

第三章　你的美好生活，是從化學和生物開始的

第四章　比微米還小的世界，有着別樣的精彩

自序
科學，並不只在實驗室

科學工作者或者科普作家在接受媒體採訪時，經常會談到自己小時候接觸了某本科學圖書，於是對科學產生了濃厚的興趣。而我如果也算一位科普作家的話，並沒有受過這樣的啟蒙。

在童年時期，我能接觸到的課外書籍除了小人書，就是《故事會》之類的通俗讀物。科學於我，只是宣傳畫裏的科學家遙不可及而崇高的形象。儘管我在數學考試中經常可以取得100分，但它的「用處」也僅限於做一些我不知道為甚麼要做的計算題。

我上初中時，偶然得到了一本《生活中的數學》，講幾名中學生在暑假裏和老師一起用數學去分析和解決生活問題的故事。現在，書中的內容我已經基本上全忘了，但那本書讓我深刻地認識到：生活中的很多事情往往都遵循着數學、物理學、化學、生物學等學科的基本原理。

後來我前往美國讀博士，從事表面化學與膠體方面的研究。這是一個介於宏觀和微觀之間的世界，在我們不經意的地方無處不在。之後我在網上寫博客，寫了一些用基本原理解釋生活現象的文章，寫作內容也逐漸集中於食品技術和營養健康領域，生活中的知識反而提及得越來越少。

不過，用基本原理解釋生活現象一直是我最感興趣的事情。陳曉卿做《舌尖上的中國 2》的時候，想在其中加入一些科學元素，我們共同的朋友就向他推薦了我。在我為節目內容做科學顧問的過程中，編導們為我講解他們拍攝的烹飪操作，我負責查閱資料、分析原理、解釋現象，這個過程是我和編導們一起學習的過程。雖然最後在節目中呈現的只是一小部份，但在美食節目中大概也稱得上「具有科學精神」了吧？

不懂得烹飪背後的科學原理，不影響我們做出好吃的菜；不懂得電子和通信的基本原理，不影響我們使用智能手機；不懂得土木工程和建築的常識，也不影響在房地產行業大獲成功。對大多數人來説，科學知識並不是生活的必需品。

很多人把科學視作「真理」或者「知識」，其實都不是，它們只是科學的一些「產品」而已。科學從根本上説是探索自然、認識世界的方式。對絕大多數人來説，關鍵不在於探索自然、認識世界，更不在於這些探索和認識的「產品」，而在於思維方式。這種思維方式或許不能幫你賺更多的錢，也不能幫你在爾虞我詐中避免上當受騙，它的價值在於讓你對周圍的世界看得更加清楚，畢竟覓食與生存早已不需要人類花費太多的精力，洞悉周圍的世界也能讓人產生愉悦感。

第一章

生活中的數學與邏輯

吃了致癌食物，你就會得癌症嗎

許多媒體和專家喜歡說「致癌食物」「抗癌食物」，電視上的「養生專家」也經常說「我的養生法能讓你百病不生」之類的話，其「秘方」更是受到熱捧。跟這些從哲學與文化中「總結」「開發」出來的「經驗」相比，現代科學的結論就令人沮喪得多了。世界衛生組織和聯合國糧食及農業組織的聯合專家組發佈的報告指出：癌症的誘因中，膳食因素佔到 20-30% 的比例。美國癌症協會的文獻總結則認為：健康的飲食、適當的運動加上合理的體重，能夠讓癌症的發生率降低 1/3。

如果你相信「養生專家」畫的大餅，那麼得到的是一種「不患癌症」的「美好信念」。如果你相信現代科學，那麼可以知道哪些飲食習慣和生活方式可以提高或者降低患癌的概率，而它們能否有益於你，取決於你願意改變多少。

有個笑話說，「專家」告訴諮詢者：「如果你能夠……就可以長命百歲。」而諮詢者說：「如果我堅持……長命百歲又有甚麼意思呢？」如果所有「可能致癌」的東西都不吃的話，能吃的東西就沒剩下多少了——礦泉水中都可能含有自然環境中的致癌物和微生物產生的毒素。

世界各國的科學家們耗費了無數納税人和商業投資者的錢，面對癌症還是只能說「導致它出現的因素太多了」——基因、環境、飲食習慣、生活方式……就像有的人隨性而為也能長命百歲，而有的人保持健康的生活方式卻英年早逝。科學家們可以估算或者統計出某種癌症的發生率，但對個人來說，「癌症風險有多大」是不可預測的。

因此，我們能做的就是盡量搞清楚各個因素對癌症風險的影響有多大，個人根據改變它需要付出的代價來決定是否改變。

在說具體因素對癌症風險的影響之前，我們有必要了解一下「風險」的意思，「增加風險」並不是說你就會患上癌症，而是患癌的「可能性更大了」。比如，兒童時期常吃鹹魚，能讓成年之後患鼻咽癌的風險增加十幾倍。用具體的數字來說，在一個 100 萬人口的城市裏，如果所有人都不吃鹹魚，那麼可能約 10 個人患鼻咽癌；如果所有人小時候都經常吃鹹魚，那麼最後會有 100 多人患鼻咽癌。這就像買彩票，吃鹹魚讓中獎名額增加了，但大多數人還是不會中獎，因為本來中獎的可能性就很小，增加十幾倍之後可能性還是小。

換一個例子，人群中肺癌的發生率在 1% 左右，每天抽十幾支煙將導致患肺癌的風險增加十幾倍。重複上面的分析，100 萬人都不抽煙的話，肺癌患者有 1 萬多人；100 萬人都抽煙的話，肺癌患者就會增加到十幾萬人——「中招」的機會就非常大了。

這兩個例子說明：「致癌風險」的影響取決於增加的風險和本身的發病率。發病率越高的病，風險的增加產生的影響越大。

在明確的科學數據之下，我們可以自己決定要「享受人生」還是「減小風險」。比如吃鹹魚，100 萬人中有 10 個左右的人吃不吃鹹魚都會患鼻咽癌，約 99.99 萬的人吃不吃鹹魚都不會患鼻咽癌，只有那 90 個左右的人會因吃鹹魚而「中招」。「萬裏挑一」的中招比例，你是選擇吃還是選擇不吃呢？而在抽煙的例子裏，你是相信自己會受到上天眷顧（屬於即便抽煙也不會「中招」的幾十萬人），還是選擇「人定勝天」（通過不抽煙避免成為那「運氣不好」的十幾萬人中的一個）呢？

如果說吃鹹魚和抽煙這兩個相當極端的情況還較易選擇的話，那麼還有很多情況真是讓人難以抉擇。比如吃肉，目前的科學證據一般認為吃紅肉（豬肉、牛肉和羊肉等），尤其是加工過的肉（臘肉、腌肉、火腿腸、香腸等），會讓跟消化道有關的癌症風險增加百分之二三十。一方面，如果按照 1% 的癌症發生率來算（實際應該比 1% 要低），100 萬人中因為吃肉患癌的會有兩三千人。這個影響比起吃鹹魚要大得多，跟抽煙相比則又小得多。另一方面，吃肉對人來說又相當重要，不僅解饞，而且能攝取蛋白質等多種營養。相對來說，在正常的食用量下，防腐劑和燒烤的影響還不如每天吃肉大。

如果我們面對科學的現實，「有多大可能患癌症」其實並不掌握在我們手中。我們能做的是根據「風險—利益」的平衡，盡可能地把握自己能夠掌控的那一部份，比如，吃健康的食品（多吃蔬菜、水果）、保持合理的體重、適度地運動。如果能像美國癌症協會總結的那樣降低 1/3 的癌症發生率，也算是一個很不錯的結果了。

當然，更重要的是遠離香煙，不抽煙所減少的「致癌風險」比你吃任何「抗癌食物」所能達到的都要多。

檢查結果是陽性，也先不要恐慌

在大地震造成的慘狀面前，善良的人們總是希望（或者相信）「如果我們提前知道，就……」關於地震的預測在全世界都是一個極具爭議的話題。目前，世界上絕大多數國家的科學工作者已經達成共識:對於地震，無法實現有決策意義的預測。因此，很多國家努力的目標從預測轉向了地震高發區的建築防震，以及地震發生時的應急預案。只有我國等少數幾個國家的一些機構仍在研究地震預測，許多人堅信：地震來臨之前出現的人類不能感知到的某些信號，許多動物能夠感知到。動物尚且能感知地震的到來，為甚麼人類就不能通過這些信號預測地震呢？

且不說這種「信念」是否正確，即使是正確的，又能如何？

假如有這樣一種病

假如有這樣一種病，發病率不高，假設為 0.1% 吧，一旦發生就無藥可救，但若提前知道，可通過一些手段進行防治，比如，從此不吃肉，或者天天吃二両黃連，再或者切掉一條腿……在醫學上有一種檢查方法，可以進行早期診斷。當然，像別的檢查方法一樣，它總有一定的差錯率。這個方法能夠做到的是：如果你患有此病，那麼檢查結果 99% 會呈陽性；如果你沒患病，那麼也有 1% 的可能檢查結果會呈陽性（稱為假陽性）。當然，你可以責怪醫學研究人員為甚麼不能讓那 99% 變成 100%，讓那 1% 變成 0%。但是，就目前的醫學水平而言，這樣的檢查能力已經很不錯了。

現在，你檢查後的結果呈陽性，你會怎麼做？從此不吃肉？天天吃黃連？切掉一條腿？

換句話說，用 99% 能夠準確檢查出疾病的方法得到的陽性結果，你多大程度上會接受「患病」的判斷？我們用一種具體直觀的方式來分析吧。

對 100 萬人進行這種疾病的普查，發病率為 0.1%，約 1,000 人患病。由於有 1% 的差錯率，在 1,000 個患者當中，有 990 個人的檢查結果呈陽性，而在 99.9 萬個健康的人中，會有 9,990 個人的檢查結果呈陽性（假陽性）。雖然這次普查共得到 10,980 個陽性結果，但其中只有 990 個是真正患病的，僅僅佔 9%！雖然檢查結果呈陽性，但是你沒患病的可能性還有 91%。你會選擇不吃肉，每天吃黃連，或者切掉一條腿嗎？

為甚麼一個患病時的檢出率已經相當高（99%）的檢查方法檢查出陽性結果，但其實還有 91% 的可能沒病呢？仔細看看上面的分析，不難發現：由於發病率很低，真陽性的數量遠遠少於假陽性的數量。結果，患病固然基本上顯示為陽性，但陽性結果中只有很小的概率是真的患病。

數字遊戲

現在，讓我們來玩玩數字遊戲，把上面的幾個數字改變一下，重新計算，看看結果會發生甚麼變化。

(1) 保持發病率（0.1%）和沒患病時錯檢成陽性的概率（1%）不變，把患病時的檢出率提高到 100%，那麼陽性結果中患病的概率是 9.1%；把患病時的檢出率降低到 90%，這個概率變為 8.3%；把患病時的檢出率降低到 50%，這個概率則變為 4.8%。也就是說，當檢查結果呈陽性時，患病時檢出率的高低對患病概率的影響並不是那麼關鍵。

(2) 保持患病時的檢出率（99%）和沒患病時錯檢成陽性的概率（1%）不變，把發病率提高到 1%，那麼陽性結果中患病的概率就變成了 50%；把發病率降低到 0.01%，則即使檢查結果為陽性，患病的概率也不到 1%。

(3) 保持患病時的檢出率（99%）和發病率（0.1%）不變，把錯檢成陽性的概率降低到 0.1%，會發現陽性結果中患病的概率變成了 49.8%；如果把沒患病時錯檢成陽性的概率提高到 5%，則這個概率只有 1.9%。

這看起來很荒謬，卻是事實。這是概率論與數理統計裏的一個經典例子，它告訴我們：面對陽性結果，是否患病並不完全由患病時能否被檢查到決定。「真實的發病率」和「沒患病時錯檢成陽性的概率」之間的相對大小更為重要。

這個例子並不僅僅是數字遊戲，現實中這樣的例子並不少見。比如，新生兒聽力障礙的發生率在 0.1-0.3%，如果嬰兒聽力確實有問題，篩查結果呈陽性的概率接近 100%，但是即便聽力沒有問題，篩查結果呈陽性的概率仍很高，有的醫院能到 10% 以上。嬰兒進行一次聽力測試後結果呈陽性，往往把父母嚇得不輕，不過醫生和護士會說沒有關係，一次檢查結果呈陽性並不能說明嬰兒聽力有問題，過段時間再複查，通常要三四次複查結果都呈陽性才能確診該嬰兒有先天性聽力障礙。

地震就是一場大病

現在，我們來看看地震預測中的幾個參數。儘管有大量文章從科學研究的現有結果指出地震與動物異象關係不大，但依然有很多人執意相信兩者存在聯繫。好吧，我們就假設這種聯繫存在，即如果地震要發生，蟾蜍一定會搬家，豬一定會出圈，狗一定會叫個沒完……假設地震來臨之前動物異象的發生率為 100%。

有意義的地震預測總得告訴人們在一個不大的區域、不長的時間內，有相當大的可能性發生地震，否則，只是說中國西南部在兩年內會發生一場地震，幾乎毫無意義。我們通過統計一個區域過去的地震頻率，估算該區域在一定時間內再次發生地震的概率。比如，某地在過去 500 年內發生了 5 次地震，那麼在未來任何一個月內發生地震的概率可估算為 1/1,200。我們再來統計動物異象在這 500 年內發生的次數，除去「預報」了地震那幾次，剩下的就是「沒患病卻被錯檢成陽性」的次數。這個數字大概無法統計，因為沒有發生地震的話，人們會忽略這種異象。不過，現在的資訊發達，過去幾年全國報道過的「蟾蜍搬家」不下 10 起，即使把綿竹的那一起勉強算作「陽性結果」，「沒有地震卻有動物異象的概率」應該還是遠遠大於地震發生率。保守估計算 10 倍吧，那麼「沒患病卻被錯檢成陽性」的可能性就是 1/120。把這 3 個數字代入上面的分析，結果是：即使地震來臨前蟾蜍一定會搬家，那麼有蟾蜍搬家時，會發生地震的概率也只有 9.1%。

應該指出的是，這個 9.1% 只是基於假設的一些數字得出的結果。這些數字的假設全都偏向「有利於預測」的方面，實際的預測成功率應該更低。比如，簡單想想：

（1）地震前是否必然會出現作為指標的動物異象？這裏假設一定會，但是看看過去發生的地震，並非如此，而且每次的動物異象還不一樣。

（2）動物異象發生率與地震發生率的比值為多少？這裏假設為10。看看過去幾年報道過的動物異象次數和地震發生次數，這個比值應該低於實際值。如果只有30%的地震發生前會出現動物異象，而動物異象發生率是地震發生率的30倍，重新算一算，會發現：出現動物異象時，地震發生的概率不到1%！

或許又有人會說，誰讓你只看蟾蜍的，多看些其他動物，「沒有地震卻有動物異象的概率」不就小了嗎？這話理論上沒錯，但是如果這樣，「有地震也有動物異象的概率」也減小了。比如，同時觀察到3種動物異象才認為將發生地震，那麼過去發生的地震有多少符合這個標準呢？按照這樣的標準，地震還是不能被預測到。

通過動物異象預測地震，一個更重要的問題還在於，在地震發生之前無法做任何決策。比如，許多人津津樂道，在「5·12」汶川地震之前，深圳某動物園裏所有的動物都出現了異常行為。且不說這個報道的可靠性，就算這些動物的異常行為「預測」了汶川地震，那麼在地震發生之前我們能夠據此採取甚麼預防措施呢？我們如何知道地震會發生在汶川？為甚麼地震不是發生在離深圳更近的廣東其他地方和福建、湖南等地，而是發生在遙遠的四川？難道我們要讓以深圳為中心，遠到汶川的距離範圍內的所有地方的學校停課、工廠停工，讓人們天天睡在建築物之外的空地上，甚至撤離住地，如果撤離，又撤離到哪裏，撤離多久呢？

現在，發達的新媒體和自媒體使得每個人都可以報道動物異象。不難想像，我們從媒體上能夠看到很多這一類異象。如果相信它們也預示着地震或者其他某種災難，你能做出甚麼決策？

蟾蜍搬家，是想告訴我們甚麼嗎

每一次自然災害之後，總有人指出早有異象。「5·12」汶川地震之後，許多人也津津樂道於綿竹那群搬家的蟾蜍。毋庸諱言，地震專家們基於現代科學沒有給出任何「預測」，於是質疑聲四起，更有甚者發出了「養科學家不如養蟾蜍」的「高論」。那麼那群搬家的蟾蜍能夠告訴我們甚麼呢？

動物預感自然災害的發生，古今中外都有着許多記載，但迄今為止，所有的傳說與記載都是事後的回顧，沒有一起災禍真正因為這種「預測」減輕了損害。如果時間可以倒流，當人們看到綿竹的蟾蜍在搬家時，又能夠根據這種異象做出甚麼決定呢？如果有人確認蟾蜍搬家預示着地震將發生，那麼蟾蜍搬家的發生地綿竹應該為震中。即便允許蟾蜍的「預測」有誤差，那麼撤離人員的範圍該有多大？方圓 100 千米？ 200 千米？ 500 千米？要圈定多大的範圍，才能包括後來地震的重災區？這個範圍如何確認？如果我們能夠劃出一個蟾蜍的「預測」範圍，那麼撤離多久？實際的地震發生在一週多以後，如何確定這個等待的時長？是否不發生地震就一直不回去？如果這樣，近年來其他地區也有過蟾蜍搬家的報道，我們是否也要做同等範圍、相同時長的撤離？如果出現別的動物異象呢？不難想像，大概大多數時間裏全國人民都在忙着「撤離可能的災區」了。

科學家們沒能對地震做出預測，或者說，當今的科學對地震預測還無能為力，並不意味着我們就應該把希望寄託在這些「事後諸葛」式的「神秘現象」上。現代醫學治不好的病，求助於跳大神也頂多只能獲得心理安慰。那麼，對於那些災前的動物異象，該如何看待呢？

一方面，是巧合。簡單來說，兩件不相干的事情同時發生了，人們習慣把它們聯繫起來當作神跡。人們傾向於忽視統計而重視神跡。兩件不相干的概率很小的事情，比如其分別發生的概率是百分之一和千分之一，同時發生的概率就是十萬分之一。十萬分之一雖然小，但世界之大，無奇不有，總還是可能發生（想想買彩票中頭等獎的概率是多少）。一旦發生了，人們就傾向於認為二者有因果關係，因而神跡，諸如動物預感災禍就產生了。個案是不能用來證明結論的，不過我還是想寫一段親身經歷，相信不少人也有類似的經歷。

> 在我上小學的時候，有個同學的哥哥淹死了。他媽媽非常後悔地說，那天她上山的時候，經過某户人家，那家的狗衝她叫了好久，上山後又聽見幾隻鳥在樹上叫，可她就是沒想到這是在提醒她家裏要出事，如果她回去看着孩子就好了。過了兩天，我上山路上經過某户人家，那家的狗也衝我叫了很久，我想起那個阿姨的話，心裏很不舒服，但還是上山去了。到了山上，也有鳥在樹上叫，惱火之下我撿起石塊去砸那些鳥，可是過一會兒又有別的鳥來，我心裏越發緊張，於是匆匆割了些草就回家了。回家後發現甚麼事情都沒有，這才如釋重負。後來我才發現，不管是誰，任何時候經過那户人家，那狗都有可能狂叫不

止，在山上碰到鳥叫也是再平常不過的事情。又經過了幾十上百次狗叫加鳥叫，家裏都平安無事，我心裏的陰影才逐漸消失。

另一方面，在某些自然災害（比如地震、海嘯）發生之前，有一些被當作「動物預感災禍」證據的反常行為被多次觀察到並記錄下來，用「巧合」來解釋也不合理，但這也並不是神跡，應該用類似醫學上的「早期診斷」來解釋。首先，自然界的任何變化，尤其是我們説的自然災害的那些變化，不可能是孤立發生的，其發生必然伴隨着出現別的變化。有的變化是引發災禍的，發生在災禍之前；有的變化是災禍的結果，發生在災禍之後，或者與災禍同時發生。比如地震，必然由地層深處的變化引發，在引發的過程中，地層內部的溫度、壓強、聲音等也會發生變化。其次，自然界的變化並不是突然發生的。它必然要經歷一個變化由小到大的過程，只有當變化超過一定的閾值時，人類才能感覺到。最後，對於某種變化的感知，人類不一定是最靈敏的。很多變化產生的信號在人類無法感知的時候，動物已經可以感知了。如果動物的本能使牠們對這些信號做出一定的反應，人們就會説牠們預知了災禍。

這麼說太過枯燥，還是打個比方吧。一個人在公園裏睡覺，我走近他，撿起幾個蘋果向他砸去。（為甚麼要砸他？不用理由吧，或許就想砸他，或許想請他吃蘋果，或許想提醒他一下萬有引力定律。）對他來說，被蘋果砸這件事是突如其來的、不可預知的災禍（任何人在睡覺的時候被砸醒都會不爽）。但是，在他被砸之前，其實發生了其他幾件事情：我走近、彎腰、撿蘋果、扔蘋果，蘋果飛向他。這些事情都跟他被砸有關，但他沒有觀察到，因此他覺得被砸是飛來橫禍。假設他帶了條狗，狗在他被砸之前狂吠了幾聲，跑了，他事後可以說，狗曾經預感到了災禍，還提醒過他。

現在，讓我們從不同的角度想想狗為甚麼會叫幾聲跑掉。第一種可能，狗根本不知道我走近，只是被蚊子叮了一下，或者附近來了條母狗，搭訕去了，或者聞到了附近有人在做燒烤，叫幾聲跑去吃燒烤了……這種情況下，所謂狗預感到了災禍，就是一種巧合。

第二種可能，狗看到了我走近，但是牠比較怕生，叫了幾聲，跑了。這種情況下，狗的行為跟這個人被砸有一定的關係，但是這種關係很弱，因為任何人走近，哪怕是附近的人來請牠吃燒烤，狗也會有同樣的行為。如果災禍（被蘋果砸）沒有發生，這種行為就會被人們忽略掉，而如果災禍發生了，人們就會認為是狗預感到了災禍。

第三種可能，我把蘋果扔出，狗根據蘋果的飛行軌跡「計算」出蘋果是飛向主人和牠的，於是叫了，然後跑了。這種情況下狗叫並逃跑與被砸有直接關係，稱為預測也不為過。但是這種預測跟神秘的預感無關，只是在人感知到變化之前，狗感知到了，並且做出了牠的本能反應而已。

第四種可能，狗感知到的信號介於「我走近」和「蘋果飛出」之間。這種情況下，預感的實質也介於第二種可能和第三種可能之間。

不能說狗叫與被砸一定沒有關係，但是依據狗叫來預測被砸也實在不靠譜。蟾蜍搬家與地震有沒有關係無法確定，但是依據蟾蜍或者其他動物來預測地震也沒有甚麼意義。人類對於災禍（或者更廣泛一些，對於自然現象）的預測，其實質是尋找某些參數，通過檢測這些參數推測自然界要發生的變化。有些參數與待預測事件的相關性很弱，比如「走近」，就沒有預測意義；有些參數與待預測事件的相關性很強，比如「蘋果飛出」，但是很難提早監測到，也就很難利用。科學的發展就是不停地尋找恰當的參數，並且探明這些參數與待預測事件之間的關係，隨後建立預測模型。天文學的發展使得人們曾經以為是神跡的日食、月食不再神秘，人們也不用再敲鑼打鼓地驅趕天狗。氣象學的發展雖然沒有使得預測氣象變化如預測日食、月食那麼準確，但至少風雨雷電等現象也不再是神跡。看雲識天氣也好，根據動物行為做天氣預報也罷，都不如氣象台的監測準確。我們不得不承認，現代科學還沒有找到相關性強的指標和模型預測地震。依據動物的「預感」來做預防地震的決策，是一件勞民傷財且極不靠譜的事情。在現有的科學水平基礎上要求地震學家們做出有意義的預測也是一種苛求。

破解神跡
——從對香草冰淇淋敏感的汽車談起

這個標題有點兒故作高深，其實所謂的神跡，往往產生於科學思維的缺乏。按我們傳統的思維方式，下面這個對香草冰淇淋敏感的汽車大概也可以稱為「神跡」了。

通用汽車有一個品牌叫龐蒂亞克（Pontiac），曾經收到過一個投訴，客户説他們家每天晚飯後都要吃冰淇淋，慣例是全家決定了吃甚麼口味後他開車去商店購買，問題出在他新買的汽車上。他每次開車去買冰淇淋，如果買的是香草味的，車就無法啟動；如果買的是其他口味的，就沒有問題。汽車公司的經理雖然很懷疑事情的真實性，但還是派了一個工程師去解決這個投訴……

「不能開着龐蒂亞克汽車去買香草冰淇淋。」如果我們把這樣的一個神跡寫進甚麼修車綱目或者修車內經，若干年之後會不會成為所謂的「經驗科學」？

神跡的產生有一種情況是兩件毫不相關的事情接連發生了，人們會把前面一件事情當作後面一件事情的原因。比如早晨一隻鳥在門口叫，聽到鳥叫的人中午去買彩票中了獎，不少人會在中獎之後把鳥叫當作一種暗示。還有一種情況是兩件事情並非毫無聯繫，人們更容易把其中一件事情當成另一件事情發生的原因。比如買香草冰淇淋和汽車無法啟動這兩件事情，根據客戶的描述，好像確實是有聯繫的。客戶想當然地把前者當作後者的原因，這在我們的傳統認識裏更為普遍。

現在我們來具體分析這個案例。客戶描述了一個現象：買香草冰淇淋之後汽車無法啟動，而買其他口味冰淇淋就沒有問題。科學的認識方式是判斷這是偶然還是必然，換句話說，判斷這個現象是否重複發生。

如果我們把聆聽客戶描述現象當作認識問題的第一步，那麼確認這一現象真實存在是第二步。在實際案例中，工程師在晚上到了客戶家裏，和客戶一起去買冰淇淋，那天買的是香草味，買完之後，車的確無法啟動；接連三個晚上，工程師都去了，第二天、第三天買的是其他口味，車正常啟動；第四天買的又是香草味，車還是無法啟動。不知道客戶遇到過多少次同樣的事情，工程師和客戶一起重複了客戶的描述。也就是說，這個現象是可重複的。

在許多人的思維定式裏，既然現象可以重複，那麼「香草冰淇淋和龐蒂亞克汽車相克」這個結論就似乎成立了。真的有神跡存在嗎？我們看看工程師進行的第三步：在和客戶一起買冰淇淋的過程中，他詳細地記錄下了每個細節，儘管他不知道這些細節有沒有用。然後他比較這些細節，希望找出買香草冰淇淋和其他口味冰淇淋過程中的所有不同之處，這些不同之處可能正是汽車表現不同的原因。最後，他發現，買香草冰淇淋所用的時間遠比買其他口味冰淇淋的短。香草冰淇淋最好賣，商店把它放在離門口很近的地方，客戶不用找，直接拿起來就可以去結賬；而其他口味冰淇淋放在離門口較遠的地方，多種口味放在一起，要走過去，還要現找，所花的時間明顯比買香草冰淇淋的長。因此，停車時間的長短，而不是冰淇淋的口味，是發生這一神跡最可能的原因。

到這裏，問題並沒有完全解決。為了確認這種猜測，可以進行正反兩方面的對照實驗。一方面，買完香草冰淇淋之後逗留一會兒再去啟動汽車，如果購買時間的長短是神跡產生的原因，那麼這樣買完香草冰淇淋，汽車應該能夠啟動；另一方面，由另一個人拿一盒其他口味冰淇淋放在香草冰淇淋那裏，迅速購買後，車應該不能啟動。這兩方面驗證符合預測，就可以確定停車時間長短是神跡發生的原因。

對客戶來說，故事似乎到此結束了。對工程師來說，問題還沒有解決。為甚麼停車時間短，汽車就不能再次啟動？這是他要進一步認識的問題，我們把它當作認識這個問題的第四步。他怎麼找出第四步的原因，我們就不去關心了，那是一個工程問題。總之，他找到了原因：停車時間短，發動機冷卻不足，發生了汽車故障裏的「蒸汽鎖死」現象，只要等發動機充份冷卻，故障就自動排除。

到了第四步，對這個工程師來說，任務圓滿完成了。但是，對汽車製造商來說，問題還沒有解決。因為知道了「蒸汽鎖死」是導致「汽車對香草冰淇淋過敏」的原因，並無助於問題的根本解決。汽車設計工程師必須找到「蒸汽鎖死」產生的根源，才能從根本上解決它。科研人員最終搞明白了：因為發動機過熱，汽油在到達噴油嘴之前就氣化了，所以不能以發動機需要的狀態到達噴油嘴，從而導致發動機無法啟動。只要發動機冷卻下來，汽油能夠順利到達噴油嘴，發動機就可以正常啟動。找到了這個根本原因，汽車設計工程師可以改進發動機的設計，比如用高壓避免氣化，要求使用適當沸點的汽油，等等。這種「蒸汽鎖死」故障，或者說「對香草冰淇淋敏感的汽車」，在新一代的汽車中基本上就不會出現了。

我們的生活中有太多神跡，乍看之下，真是不可理喻的神奇。當我們停留於認識問題的第一步、第二步的時候，神跡就成為神跡，就在「經驗科學」中流傳下去。這樣的「經驗科學」不一定就是錯的，但是如果不對它們進行第三步、第四步、第五步，甚至更多步的深入研究，「經驗」就永遠是沒有太多價值的神跡。只有基於科學認識的經驗才是可靠的。比如上述案例裏的那個工程師，並不需要用我們提到的正反兩方面的實驗來確認「停車時間短是故障產生的原因」，而是基於他對車的了解，憑經驗就可以做出判斷。

從這個案例中，我們還可以想到另一個方面的問題，我們通常極其推崇那種看一眼甚至聽幾句描述就可以指出問題所在的「聖人」。無須數據搜集、科學實驗、邏輯推理，一切疑難問題都在他們的「掐指一算」「撫鬚沉吟」中解決。這樣的天才或許存在，但是肯定不足以解決生活中的各種問題。神跡，每個人都可能遇到，但是絕大多數人沒有天才那樣解決問題的能力。因此，我們需要以科學的思維方式去認識事物，而這種思維方式不需要「天才」，只要智力平常的普通人經過學習和鍛煉就可以達到。

為甚麼莊家不怕你贏，只要你繼續賭

經常有人說：「概率是毫無意義的事情。如果事情發生了，概率就是 100%；如果事情沒有發生，概率就是 0。」這樣的想法是對概率完全錯誤的理解。為了解釋概率，我們從賭場坐莊開始說起。

我們知道開賭場幾乎沒有賠錢的。儘管有人從賭場贏了錢，但是輸錢的人更多。很多人認為是因為賭場有「賭神」，或者賭場能「出老千」。其實在正規的賭場裏，賭場贏錢的原因在於對概率的應用。換句話說，概率決定了賭場是佔便宜的一方。賭客越多，賭場就越不容易輸。

假設有 14 張牌，其中有一張 A，現在我來坐莊，1 元賭一把。如果誰抽中了 A，我賠他 10 元；如果誰沒有抽中 A，那麼他那 1 元就輸給我了。有人賭嗎？

這樣一個賭局，為甚麼說我佔了便宜呢？因為在抽牌之前，誰也不知道能抽到甚麼，但是大家可以判斷抽到 A 的可能性非常小，14 張牌中才有 1 張，換句話說，抽中的概率是 1/14，而抽不中的概率是 13/14。概率就是這樣一種對未發生的事情會不會發生的可能性的預測。如果你只玩一把，當然只有兩種可能：抽中了贏 10 元，沒抽中輸 1 元。但是，如果你玩上幾百、幾千甚至更多把呢？有的抽中，有的抽不中，最後的結果是甚麼呢？

這就是概率上的一個概念，叫作數學期望，可以理解成某件事情大量發生之後的平均結果。現在我們繼續上面的賭局，抽中的概率是 1/14，結果是贏 10 元（+10）；抽不中的概率是 13/14，結果是輸 1 元（-1）。把概率與各自的結果乘起來，然後相加，得到的數學期望值是 -3/14。這就是說，如果你玩了很多很多把，平均下來，你每把會輸掉 3/14 元。如果抽中 A 贏 13 元，那麼數學期望值是 0，你玩了很多把之後會發現結果接近不輸不贏。如果抽中 A 贏 14 元，那麼數學期望值是 1/14，對你有利，玩很多次的結果是你會贏錢，而我當然不會這麼設賭局。

賭場的規則設計原則就是這樣，無論看起來多麼誘人，賭客下注收益的數學期望值都是負值，即總是對賭場有利。因為有很多人賭，所以賭場的收支結果會很接近這個值。比如美國的輪盤賭，38 個數隨機出，你押一個，押中了賠你 35 倍，沒押中你的錢就輸掉。其他賭局的規則可能更複雜，比如 21 點，但其背後的概率原理是一樣的，即賭客的數學期望值是負數。像我們通常見到的彩票，如果所謂的返回比是 55% 的話，那麼花 1 元的數學期望是賠掉 0.45 元。無論是賭場中的賭局還是彩票，幸運兒的產生必定伴隨着大量「獻愛心」的人。賭場和彩票生意興隆的基礎是，每個人都認為自己會是那個幸運兒。

數學期望的概念是做理性決策的基礎。我們做任何一項投資、做任何一個決定，都不能只考慮最理想的結果，還要考慮理想結果出現的概率和其他結果及其出現的概率，否則如果只考慮最理想的結果，那麼大家都應該從大學退學——從大學退學的最理想結果是成為世界首富，和那個叫比爾 · 蓋茨的傢伙一樣。

概率問題的關鍵是隨機性，比如扔一枚硬幣，誰也無法預測它落下後是正面朝上還是反面朝上。同樣，擲骰子、搖獎也是如此。有個可笑的職業叫「彩評家」，號稱分析彩票號碼的規律，預測下一期最可能中獎的號碼。電視裏的彩評節目往往是專家侃侃而談，主持人扮興致盎然崇拜狀。經常聽到的話是「這幾個數字前兩期出現了，下一期出現的概率不大」，這可以算作一本正經的胡說八道。按照概率理論，兩件不相干的事情同時發生的概率是各自發生概率的乘積，因此兩件不相干的各自概率為萬分之一的事情同時發生的可能性是億分之一。但是，如果一件事情已經發生了，那麼另一件事情發生的概率還是萬分之一，跟已經發生的事情無關。只要彩票的搖獎沒有貓膩，中獎數字就是無法預測的。不管前幾期出現了甚麼號碼，下一期的號碼仍然是隨機的。出現過的數字不會「避嫌」，沒出現過的數字也不受到「照顧」。不過觀眾仍然會覺得彩評家的「預測」是對的，因為他說不會出現的號碼後來確實沒有出現。其實這種彩評家每個人都可以當，你隨便寫幾個數，說「下一期這幾個數不會出現」，再找個聽上去很有道理的理由，你也就成「大師」了。因為不管你寫甚麼數字，中彩的可能性都是非常小的。

據說概率是起源於賭場的學問，但是它的價值已經遠遠超出了賭博應用範圍。這裏舉一個很實用的把概率知識轉化成經濟效益的例子：要在人群中普查一種病，檢查方式是抽血檢測其中是否含有某種病毒，這種病在人群中的發病率比較低，假設為 1%。對於這樣一種普查，成本最高的環節是檢測血液，如果能減少血液檢測的數量，就能大大降低成本。我們很自然地想到抽每個人的血，然後檢測，這樣有多少人就驗多少份血。為了講解得更清楚，假設有 1,000 萬人，那麼直接檢測的方案是測 1,000 萬份血。現在我們換一個思路，把抽來的血兩兩混合，送去檢測，如果檢測結果呈陰性，表明兩份血都沒問題；如果檢測結果呈陽性，表明至少有一份血有問題，就把兩份都重測。這樣也可以確定每個人的帶病情況。這樣做的總檢測量是多大呢？兩兩混合之後，要檢測 500 萬份，然後將檢測結果呈陽性的那些重測，大概是 20 萬份（1,000 萬人中有 10 萬人帶病，故有 20 萬份血需重測），總共檢測 520 萬份。實際上還有一部份檢測結果呈陽性的樣品是混合的兩份血都帶有病毒，這樣實際的檢測結果呈陽性的混合樣品比 10 萬份還要少。總之，檢測總數幾乎減少了一半，能省很多錢了吧？如果把 10 份血混一起再測呢？同樣的分析，先要檢測 100 萬份，加上檢測結果呈陽性的最多 10 萬份混合樣品重測——共 100 萬份原始血樣需要重測，總共最多檢測 200 萬份就搞定了。

在這個例子裏，多少份血混在一起最划算，取決於發病率，與要檢測的總人數無關。另外一個要考慮的因素是血樣混合之後，病毒濃度被稀釋了，還能否被檢測出來。綜合考慮這些因素，運用概率理論和並不複雜的優化計算，可以精確地算出把幾份血樣混在一起既能省下最多錢又能完成任務。

一直生到生出男孩為止，會導致男女比例失衡嗎

曾經有一篇文章提到中國目前男女比例失衡的原因，説農村地區許多人非要男孩不可，生了女孩後會一直生到生出男孩為止，此舉造成了男多女少的現狀。

據説，人口統計表明我國的男女比例失衡已經到了值得警惕的地步。造成這一現狀的原因當然很複雜，傳統的「重男輕女」「傳宗接代」肯定是思想根源，但是上面提到的「一直生到生出男孩為止」與此無關。

我想數學老師能夠用數學語言很簡潔地證明或者解釋這

個問題。但是，數學語言的解決方式需要數理邏輯，估計很多人不能很快理解。在這裏，我們還是用生活語言來分析這個問題。

假設有 1,000 萬個家庭，各生了一個孩子。正常情況下，男女各半（其實正常比例為107：100，不過為了方便說明問題，我們假設比例為 1：1）。生了男孩的家庭不再生育，生了女孩的家庭生第二個孩子，那麼會再有500萬個孩子出生。顯然，這 500 萬個孩子中還是男女各半。然後，生了男孩的家庭不再生育，生了女孩的繼續生第三個孩子，會有250萬個孩子出生，還是男女各半。當然，可以繼續下去……

現在，我們來看看各種情況下的男女比例。如果都只生一個，男孩和女孩各 500 萬個，男女比例是 1：1。如果最多生到第二個，那麼男孩有 750 萬個，女孩也有 750 萬個，還是 1：1。如果最多生到第三個，那麼男孩有 875 萬個，女孩也有 875 萬個，還是 1：1。繼續下去，不管生到多少個，男女比例始終都是 1：1。

現代科技給了人們提前預知胎兒性別的能力。重男輕女的思想讓有些喪心病狂的父母在得知腹中胎兒是女孩之後流產，或者在女嬰出生之後將其遺棄，導致女嬰死亡率高，這才是導致男女比例失衡的原因。那種一直生到生出男孩為止的做法，本身是陋習，但並不是造成男多女少的原因。

再說幾句題外話，嚴禁提前告知胎兒性別，在目前的社會現實下還是有必要的。美國的常規是告知，一般在懷孕 20 週左右的 B 超檢查後就會告訴父母。有的父母想享受那種期待的感覺，需要提前告訴醫生，醫生就會特別注意不透露胎兒性別。我聽一個朋友說，韓國也禁止提前告知，但是醫生們會給父母描述 B 超圖片，比如「你們的孩子真英俊」或者「你們的孩子像個天使」。

實驗室手記之見鬼了沒

事情得從培養細胞說起。在大學畢業之前，我要做幾個月的細胞培養。人工培養的細胞主要有兩類，一類是細菌，另一類是動物細胞。細菌類似於平民，好養，給點兒陽光就燦爛。只要能管溫飽，就鉚足了勁兒地長，比如泡菜和酸奶裏的那些細菌。在工業生產上，培養細菌通常叫作發酵，可用來生產蛋白質、酒精、可降解塑料等產品，成本低、產量大。動物細胞比較「小資」，吃得精細，住得高檔，溫度高了或低了都不幹，動不動就不活了。但是，動物細胞生產的東西比較值錢。

就像山野菜，農民一採就是一大捆，扔在菜市場的角落賣不出好價錢，高檔酒店只弄幾根，放在精美的盤子裏，擺出花樣，就比菜市場的幾大捆都值錢。同樣的道理，動物細胞裏合成的蛋白質量少，其氨基酸序列能擺出複雜的空間造型，提取出來注射到人體裏能夠治病，故而格外值錢。雖然把那段基因放到細菌裏，細菌也能生產出同樣的氨基酸序列，但是細菌體內沒有「高級廚師」，產量又大，只好隨便捆了放在角落，能否賣出去都還是個問題。

因此，很多藥用蛋白不能用細菌生產，只能培養動物細胞來生產。普通的動物細胞毛病很多，非要貼在容器壁上才長，培養容器的利用率很低。而且由於先天不足，隨着生長分裂次數的增加，「氣數」不斷降低。到最後，「氣數已盡」，徹底滅亡。因此，直接培養動物細胞來生產蛋白質的難度也很大。

動物細胞家族裏還有一類不務正業的，生命力強，傳多少代都不死，就是令人痛恨的腫瘤細胞。要說人類對自然界的改變，轉基因也就相當於鑲個假牙、裝個假肢，頂多換個腎。在動物細胞這兒，簡直是慘無人道，生生把正常細胞和腫瘤細胞融合在一起，然後讓它們生產蛋白質。融合的細胞叫雜交瘤細胞。雜交瘤細胞不僅保留了正常細胞和腫瘤細胞各自的優點，避免了它們各自的缺點，而且水性大漲，可以成天漂在水裏而不用靠岸。其生存的意義就在於為人類生產蛋白質。細胞是最小的生命，不知道那些「敬畏自然，尊重生命」的人了解到他們用的特效藥來自人類對生命如此的踐踏，會不會拒絕使用？

我們那個項目基本上就是「助紂為虐」，盡量延長細胞的存活時間，讓它們盡可能多地生產蛋白質，簡直比最黑心的資本家還殘酷。我負責控制細胞的飲食，一次不能給太多。如果一下給太多，它們胡吃海塞，就會產生大量的代謝物，如乳酸和銨，這些物質有害於細胞的生長，積累到一定的濃度，細胞就死了。當時我要做的是每隔 4 個小時取一點兒培養液，測血糖濃度，算算細胞們吃了多少，然後補給多少。由於給的東西少，細胞們只好慢慢吃，完全消化，產生的有害代謝物比較少，積累得比較慢。我的一次實驗持續了一個星期，日夜不能停。那是我的實驗生涯中最辛苦的一次，晚上也睡在實驗室，每隔幾個小時起來一次。

故事發生在某天晚上。那個實驗室有一個裏間、一個外間和一個休息間。夜深人靜，裏間時斷時續地傳來「吱吱哐哐」的聲音。看着紫外燈的幽幽燈光，聽着時斷時續的「吱吱哐哐」，我心裏總感覺很怪異。在學校待了好幾年，校園裏每個角落的鬼故事都耳熟能詳。我們那個系館處在偏僻幽深的東南角，那時候可以用荒涼陰森來形容。校園裏大部份鬼故事都發生在那一帶。其實鬼故事最嚇人的地方不在於故事本身，而在於故事發生的場所。當聽過故事的人看到一個個故事裏的場景，心裏難免會有點兒害怕。雖然堅信世上沒有鬼神，但我心裏還是感到異樣，總怕眼前突然出現一個紅衣少女或者白衣長髮、懷抱孩子的少婦。在那些校園鬼故事裏，這樣的人物在這個地方出現了多次，最重要的是，她們都不像蒲松齡所描寫的鬼那樣可愛。

後來想想，我可能也不是真的怕鬼，而應該是一種「幽閉恐懼」的表現。幽閉恐懼症是一種心理疾病，通常的表現就是，在一個密閉的環境，比如電梯或者飛機機艙中，會感到極度不適，嚴重的可能會暈倒。幽閉恐懼症的產生通常是因為受過某種刺激。但是我覺得，跟很多的心理疾病一樣，很多時候難以用「有病」或者「沒病」來描述，「幽閉恐懼」應該是一種現象，有的人沒有，有的人很嚴重，而普通人可能或多或少都有一點兒。不管是誰，被關進小黑屋，大概都會感到不適。而我獨自一個人在那個冷冷清清的樓裏，腦海裏難免浮現出一個個「鮮活的面容」，多少就激發了一點兒「幽閉恐懼」。

第二天早上，看到校園網的電子公告牌上說前一天晚上發生了多次輕微地震。進到實驗室裏，終於找到了原因。一個櫃子的上面有兩個鐵絲筐，筐裏裝的是玻璃瓶。由於地震，筐裏的玻璃瓶不停晃盪，就發出了「吱吱哐哐」的聲音。我搖動櫃子，折磨了我一晚上的聲音再次響起，居然感覺很親切。

第二章

萬物有理，
不是為了在
考試中難為你

沒有落差的水可以發電嗎

2009年，挪威國家電力公司（Statkraft）在挪威建立了世界上第一座滲透壓發電站。對於可再生能源，太陽能、風能、潮汐能、地熱、水電等人們已經耳熟能詳，那麼滲透壓發電又是怎麼回事？沒有落差的水如何發電呢？

讓我們先來看看「滲透壓」是甚麼。

假設有兩杯水，一杯淡水，一杯鹽水，底部用一根管子連通起來。因為淡水中沒有鹽，對鹽水裏的鹽離子來說，淡水那邊是無人居住的曠野，所以紛紛跑到那邊去搶灘。而對水分子來說，雖然兩邊都很多，但鹽水中的密集程度還是要低一些（對於被鹽佔據的空間，水分子是視而不見的），故而傾向於從淡水一側向鹽水一側游弋。於是，不需要任何外部壓力，水分子和鹽離子就進行了大規模遷徙，一直到兩杯水實現「種族融合」「兩杯共榮」為止。

有一種東西叫作「半透膜」，類似於門衛或者關卡，能夠選擇性地攔截一些物質而讓另一些物質通過。「半透膜」這個名字有點兒誤導人，字面意思是「透過一半留下另一半」，其實不然，它是讓一些種類通過而另一些種類留下。就像一道寫着「男士莫入」的門，女士可以自由進出而男士就被截下了。

有一種半透膜的作用是攔住所有的鹽離子，而允許水分子自由來去。如果我們把這種膜裝在鹽水和淡水之間，那麼鹽離子就無法跑到淡水一側，而水分子依然可以從淡水一側溜到鹽水一側。宏觀上看，就彷彿有一個壓力推動淡水往鹽水一側跑。這種壓力就被稱為「滲透壓」。由於鹽水一側只進不出，淡水一側只出不進，鹽水一側的水位逐漸升高而淡水一側的水位逐漸降低，結果產生了水位差來抵抗滲透壓的作用。當這個水位差足以完全抵消滲透壓的時候，通過半透膜來來往往的水分子一樣多，這時候水位差等於鹽水的滲透壓，也就可以用來

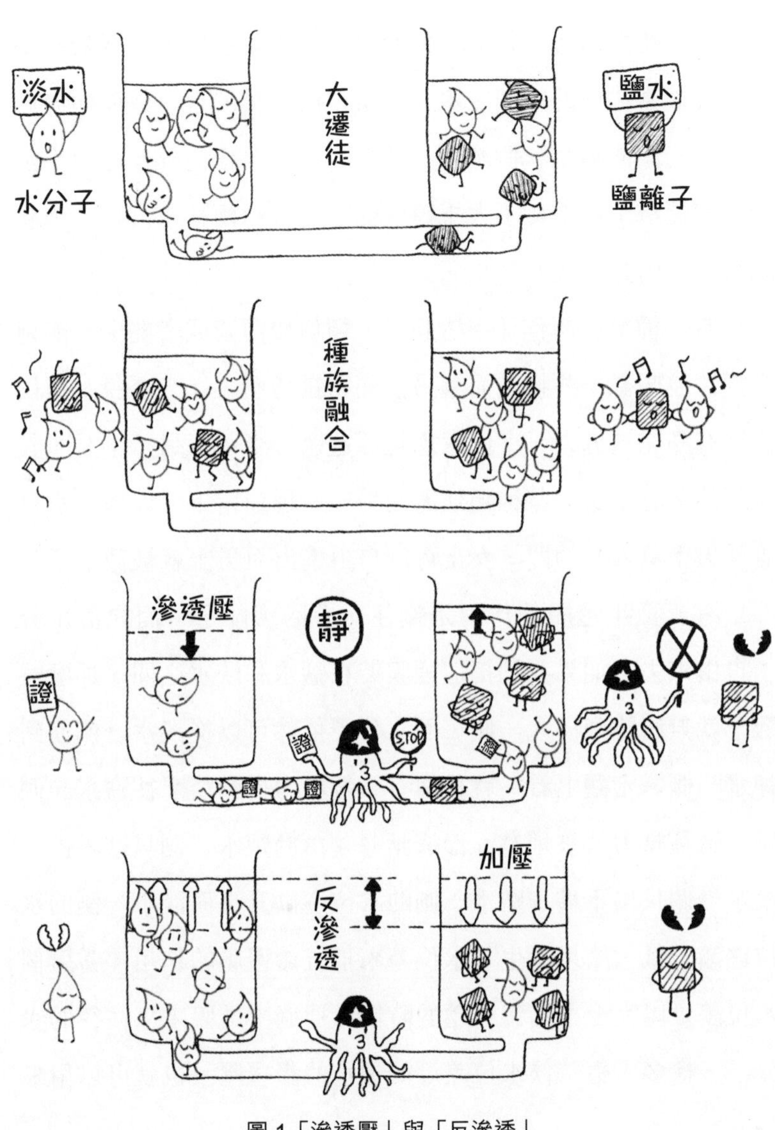

圖 1「滲透壓」與「反滲透」

計算鹽水的滲透壓。如果在鹽水一側外加一個高於其滲透壓的壓力，不難想像，鹽水一側的水分子就會紛紛「逃難」到淡水一側，而鹽離子逃不掉，只好心不甘情不願地留下（見圖 1）。這被稱為「反滲透」，已經被大量應用於海水淡化和廢水處理了。

荷蘭物理化學家范特霍夫（van't Hoff）推導出了一個公式來計算任何溶液的滲透壓。他的公式計算結果與實驗測量結果高度一致。海水通常含有百分之三點多的鹽，這個濃度的鹽水的滲透壓相當於 200 多米的水位差。換句話説，如果在淡水和海水之間放置半透膜，那麼其間的水壓相當於 200 多米的大壩！

地球上有無數河流，多數江河裏的淡水最終都會流向大海。如果我們在二者交匯處裝上半透膜，那麼海水的滲透壓蘊含的能量就可以用來發電。這樣的能源清潔無污染、可再生，也不用因修大壩而被許多「環保人士」痛罵。

這就是「滲透壓發電」的原理。這一原理早在 1973 年就被提出來了，但是在其後的 20 多年中一直沒有大的進展。主要原因就是成本實在太高，而且實際建造中也面臨一些工程技術上的困難。1997 年，挪威國家電力公司進軍這一領域。經過十餘年的研究，伴隨着膜技術的發展，該公司認為實際建造滲透壓發電站的時機已經成熟，於是在 2007 年宣佈將建造一座容量為 2,000-4,000 瓦的滲透壓模型發電站，預計在 2008 年年底完成，算是開始了「滲透壓發電」的商業化進程。

該公司開發的滲透壓發電站採取的是被稱為「壓力延遲滲透」的方式。簡單來說，就是經過預處理的淡水進入半透膜區域，半透膜的另一側是海水。絕大部份淡水在滲透壓的作用下滲過半透膜，小部份相當於廢液被排掉。淡水滲過半透膜後，水壓大增，目前能夠獲得的壓力可以達到理論值的一半，即 100 多米的水位差。這些水一部份去沖動渦輪發電，另一部份作為循環水把海水「壓」進半透膜區域。在正常運行條件下，半透膜裝置能夠使用 7-10 年。壓力延遲滲透的另一種設計是把膜裝置和發電裝置修到海面下 100 多米處，這樣可以利用海水的自然壓力來壓入海水，從而大大提高整個體系的運行效率。當然，這種方式需要的修建成本將大幅增加。

實際上，挪威國家電力公司的滲透壓發電站比預期晚了一年才完工。2009 年 11 月 24 日，是新能源發展史上一個值得紀念的日子——人類第一座滲透壓發電站竣工並運行。雖然這只是一座小型實驗廠，但它證明了用滲透壓發電的可行性。該公司計劃在 2012-2015 年建造商業化規模發電站。

可惜的是，滲透壓發電站的造價太高了，半透膜的價格也太高。投資這樣的工廠，從經濟角度來說還是不划算。2013 年，該公司停止了在滲透壓發電方面的投入，商業化規模發電站的計劃也「胎死腹中」。或許等到新材料技術獲得革命性突破，半透膜的價格大大降低的那一天，滲透壓發電站的建設又會重新提上日程。

都在說綠色建築，其實它根本不是綠色的

隨着社會的發展，人們越來越關注生態環境與可持續發展，許多城市也紛紛提出了建設生態城市的規劃。綠色建築或者說生態建築則是生態城市建設中關鍵的一個方面。我們經常聽到或提到「生態小區」，那麼它到底是甚麼樣的，又是如何實現「生態」的呢？

綠色建築跟綠化無關

許多人理解的綠色建築、生態建築，就是鳥語花香、綠

樹成蔭的建築環境。其實這是一種誤解，真正意義上的生態建築跟綠化基本上沒有甚麼關係。比如，美國的生態建築標準是一個叫作 LEED（Leadership in Energy and Environmental Design）的認證體系，中文意思是「能源和環境的領先設計」，它追求的是在建築的整個建造和使用期限內，在發揮建築功能的前提下，最大限度地減少能源的消耗和對環境的影響。像我們看到的許多高檔小區，種植名貴花草，需要高昂的維護成本，雖然非常「綠色」，但是需要消耗大量的能源和水，反倒不符合生態建築的理念。

LEED 認證，認證甚麼

綠色建築的認證算得上是新鮮事物。1993 年，美國成立了美國綠色建築理事會（USGBC）。很快，他們認識到需要一套標準來定義「綠色建築」。1998 年，這樣的一套認證體系出台，就是 LEED 1.0 版。經過廣泛修改，LEED 2.0 版在 2000 年出台。2005 年修訂的 LEED 2.2 版算是一個比較成熟的版本。在這個版本中，綠色建築的標準被分為六大方面，分別是可持續發展的建築位置、水的使用效率、能源與環境、材料與資源、室內空氣質量和設計上的創新。

綠色建築的認證是一種自願行為。如果一座建築的修建者希望獲得 LEED 認證，就向綠色建築認證協會（GBCI）登記申請。綠色建築認證協會跟建築設計和修建方協作，分別評估以上六大方面的 7 項基本要求和 69 個小項。7 項基本要求是必須滿足的，在此基礎上才可以進行 LEED 認證。69 個小項中每個小項可能得到 1 分、0 分或者 -1 分，最後把得分加總，得分為 26-32 分就可以得到「LEED 認證」，33-38 分為「LEED 銀級」，39-51 分為「LEED 黃金級」，52 分及 52 分以上為「LEED 白金級」。

LEED 認證中的每個小項都伴隨着一定的建築成本，有的實現成本高，有的實現成本低。比如，在「可持續發展的建築位置」大項中，避免修建過程中的污染是一項基本要求，必須達到才能進行其他認證。這個大項共有 14 個小項，如果位置選得合適，那麼「發展密度與社區聯繫」和「公共交通」這兩個小項就可以分別拿到 1 分，但是「公共空間最大化」就不容易拿分。在「材料與資源」大項中，收集和儲存可回收利用的材料是基本要求，而其他方面有 13 個可得分小項。如果使用回收材料或者當地生產的建築材料，就可以獲得相應的分數。

在「能源與環境」大項中，使用的可再生能源越多，得分就越高。例如，如果採用太陽能來滿足整座建築 2.5% 的能源需求，就可得 1 分。提高這個比例，還可以得到更多的分數。如果採用了某些優化設計，使得它的能源消耗比標準消耗低，也可以得到相應的分數。得分越高，意味着不僅要實現所有低成本的得分點，還要提高成本增加得分。因此，要達到黃金級或者白金級的 LEED 標準，增加的建築成本就會很高。

2009 年，美國綠色建築理事會推出了 LEED 新版本，使用範圍更廣，評分細化，可得到的總分也變成了 100 的基本分外加 10 個附件分值。相應地，不同等級認證所需要的分值也做了調整。不過基本理念還是一樣，即在建築的整個建造過程和使用期限內減少能源的消耗和對環境的影響。

中國的生態住宅評估

中國在 2001 年制定了《中國生態住宅技術評估手冊》。這個評估標準主要是針對居民住宅的，參考 LEED 認證體系，基本目標是「促進住宅小區節約資源（節能、節材、節水、節地）及防止環境污染」。這個評估標準分為五大項：小區環境規劃設計、能源與環境、室內環境質量、小區水環境、材料與資源。該標準根據中國的具體國情制定了各項的評分標準和細則。

在現代城市發展過程中，隨着建築功能的強化，非住宅建築的能量資源消耗越來越大。生態城市的建設，商業建築、公共建築的生態化勢必是一大方面。

生態建築的關鍵

顯然，生態建築也好，綠色建築也罷，強調的都不是把建築修得更漂亮、更氣派。它的核心是面對整個自然界的生態保護，途徑是提高自然資源和能源的利用率。但是，追求方便舒適是社會發展的必然需求，生態建築不能以犧牲建築的功能為代價。比如，在氣候炎熱的地區，為了降低能源消耗而嚴禁使用空調是不現實、不必要的，也不是生態建設的目標。

實現建築或者城市的生態化和綠色化，應用高科技是根本途徑。如果大量使用透明玻璃，那麼對自然光的利用率就會提高，從而減少照明用電。但是，用玻璃代替牆，一方面需要玻璃的強度足夠大，如果玻璃易碎的話，整個建築的安全性就無法保證；另一方面需要玻璃的隔熱效果足夠好，否則對空調和暖氣的需求增加，又會增加能源消耗。同時，強度和隔熱效果滿足要求的玻璃與普通的牆體材料相比，生產成本可能會更高，消耗的資源也可能會更多。只有綜合考慮這些因素，並結合建築的整個建造過程和使用期限內的能源消耗，才能得出甚麼樣的選擇更加「生態」的結論。可以說，生態建築的評定標準既然是領先設計，那麼就會隨着建築材料和能源技術的發展不斷更新。

建築畢竟是給人用的，生態建築作為一個概念，也必將通過人實現。生態建築鼓勵節能的交通方式，如坐公交、拼車、騎自行車等。但是，如果所有人都把駕駛豪華車當作追求的話，建築設計中為此做的所有努力就都無法實現。節約與循環用水、分類回收廢品等都是要靠使用者的生態意識來保證的。

生態建築不是一個噱頭，也不僅僅是一個口號，需要實實在在的科學技術的應用與人類生態意識的增強。只有當政府、社會和公眾都對生態建築的概念有了深入的了解，並且有意識地去追求，「可持續發展」的目標才得以實現。

善於製造垃圾的美國人把垃圾送到了哪裏

隨着地球人口數量的增加和人類生活水平的提高，人類製造垃圾的能力也與日俱增。垃圾處理無疑是社會生活中極其重要的事情。我們經常聽到「洋垃圾」的新聞，那麼發達國家為甚麼要不遠萬里讓垃圾漂洋過海，將其輸送到發展中國家呢？

垃圾處理——龐大的產業

我們先從美國的生活垃圾處理說起。一般而言，美國的居民小區裏都沒有集中扔垃圾的地方。小區或者個人與垃圾處理公司簽訂合同，每月支付一筆費用，由垃圾處理公司把垃圾收走。有的小區，垃圾處理公司每週會安排一天收生活垃圾，另一天收可回收垃圾（如紙張、易拉罐、玻璃瓶、牛奶桶）。政府鼓勵大家把可回收垃圾分揀出來，會發放專門的垃圾桶，而生活垃圾的垃圾桶則需要自己購買，或者按照與垃圾處理公司的合同由垃圾處理公司提供。有的小區每週收兩次生活垃圾，費用也就會高一些。

生活垃圾和可回收垃圾都不包括植物，比如樹葉和花草。美國有的居民小區每家都有院子，割下來的草如果不想留在草地上，收集起來的就是「花園垃圾」。如果院子裏有樹，秋天的落葉也是「花園垃圾」。要扔掉這些垃圾，一般需要另外交錢。

為垃圾所交的錢還不止於此。用水除了交水費，還要交污水排放費。污水排放費根據用水量來收取，通常比水費還要高一些。

除了居民區，商業或者生產建築也都需要交納相應的垃圾處理費。垃圾處理已經成為一個龐大的產業。北美最大的垃圾處理公司 WM（Waste Management）僱員數量近 5 萬，每年的營業收入額高達 100 多億美元，而其業務只佔到整個行業的幾分之一。

收來的垃圾去了哪裏

以 WM 為例，垃圾車把收來的垃圾集中到一起，然後進行處理。垃圾中有用的東西，比如紙張、塑料、玻璃和金屬，會被分揀出來回收利用。剩下的垃圾中可燃燒的部份會被送到垃圾焚化中心燃燒，產生的熱量可以給附近的住宅或者工廠供暖。殘餘的垃圾會被壓縮，送到垃圾掩埋處進行掩埋。政府對垃圾掩埋有具體要求，像 WM 這樣的大公司在整個北美也只有不到 300 個掩埋點，所有將被掩埋的垃圾都只能在那些地點掩埋。這些垃圾被埋之後，還會產生天然氣，現在的技術趨勢是收集這些天然氣，從而實現「垃圾——生物燃料」的轉變。

「花園垃圾」則不同，它們會被集中起來進行生物轉化。利用微生物把這些植物垃圾轉化成有機肥料或者腐質土，再賣出去。因為許多人會在院子裏種花、種草或者種菜，這樣的有機肥料或者腐質土有很大的市場需求。一袋 20 磅（9 千克左右）的好土售價幾美元，質量稍差的也能賣到一兩美元。而一袋 10 磅（4.5 千克左右）的土豆，最便宜的也只能賣到幾美元。

廢舊電器比垃圾更麻煩

前面説的這些垃圾並不包括廢舊電器。廢舊電器，如電腦、打印機、手機、電視機和電冰箱，被稱為「電子垃圾」。廢舊電器中可能含有比較多的鉛、汞、鎘等重金屬，以及有毒塑料、阻燃劑等在自然界中會慢慢釋放有毒成份的物質。有資料顯示，美國丟棄的電子垃圾只佔垃圾總量的 2%，但是其釋放的有毒物質佔到有毒物質總量的 70%。

由於電子垃圾對環境的危害巨大，歐洲在 20 世紀 90 年代就禁止丟棄、掩埋電子垃圾。雖然美國各州的法律各不相同，但是一般都會要求回收處理。在居民與垃圾處理公司的合同中，一般不包括處理電子垃圾。也就是説，不能把廢舊的電視機、電冰箱等放進垃圾桶。有的合同包括每年收走幾件廢舊電器，而有的則要求另外付錢，垃圾處理公司才會收走。

因此，對美國居民來説，廢舊電器不僅賣不出錢來，還得付錢讓人拿走。如果只是舊了，但還能使用，也可以捐給慈善機構，或者在購買新產品時交由商店處理。許多商店也把帶走廢舊電器當作購買新產品的優惠。

洋垃圾——經濟利益的產物

對美國人來說，購買電子產品算不上大筆開銷。因為一台新款液晶電視機或者筆記本電腦只需要普通人兩三個星期的收入，所以美國人家中的電子產品更新很快。據統計，電腦的平均使用時間是三年。大多數電子垃圾並非因被用壞了而被丟棄，而是因過時而被新產品替代。

這種消費方式產生了大量的廢舊電器，而這些廢舊電器實際上還有一些使用價值。為了減少消耗、保護環境，政府立法和社會輿論都傾向於盡可能回收再利用。有的廢舊電器可以被廠家收回用於生產新電器，有的則可以捐贈給貧困地區以「發揮餘熱」。

但是，能夠得到充份利用的廢舊電器只是一小部份，大部份最終還是會成為電子垃圾。實際上，這些電子垃圾中含有多種貴重的金屬原料，如鈷、銅、鎘。製造新產品所需要的這些金屬要通過開礦冶煉獲得，對環境的破壞和能源的損耗也不容忽視。回收電子垃圾中的貴金屬，一方面有助於減緩人類對礦產的開採速度，另一方面減少了它們被丟進自然界造成的危害。不過這種回收利用意味着必須拆卸整個電器，將其還原成原料。這樣的處理並不容易，勞動強度很大。因此，對勞動力昂貴的美國社會而言，從廢舊電器中回收有用成份在經濟上的吸引力並不大。

於是，「輸出垃圾」應運而生。許多發展中國家還處在以發展為主的階段，對於環境保護往往是輿論上炒得厲害，但在立法和執法上比較寬鬆。另外，這些廢舊電器稍加整修還有一定的使用價值，損壞後丟棄的成本也不高。因此，把這些電子垃圾不遠萬里地運到發展中國家是有利可圖的事情。即使要做拆分回收，勞動力成本也低得多。有統計資料顯示，前些年美國的電子垃圾有 80% 被運到了亞洲，中國和印度就是接收大戶。

通常所說的洋垃圾，其實並不是日常的生活垃圾，主要就是指電子垃圾。此外，還有一些舊衣服，也是出於同樣的原因成了洋垃圾流入發展中國家。不能說這有多麼可怕——問題並不在於「輸入垃圾」本身，而在於我們的社會如何對待經濟利益和可持續發展的矛盾。危害環境的不只是這些洋垃圾，我們自己產生的電子垃圾同樣危害巨大。電子垃圾的輸入和發達國家把高能耗、高污染、勞動密集型產業轉移到發展中國家一樣，是經濟和政治考量的產物。

邁克爾·傑克遜「對抗重力」的秘密

邁克爾·傑克遜是在世界舞蹈史上留下濃墨重彩的一筆的藝術家，在他的演藝生涯中，那個身體大幅前傾而不倒的造型更是為人們所津津樂道。中學物理老師告訴我們，當重心落在支撐部位之外的時候，任何物體都不能穩定放置，再看那個身體大幅前傾的造型，身體重心顯然在兩腳之外。那麼，這個「對抗重力」的造型是如何實現的呢？

如圖 2 所示，長斜線代表人的身體，短橫線代表腳，是人的身體與地面接觸的部位，人體的重心落在雙腳之外。顯然，在正常情況下，這種造型無法處於力學平衡狀態。以腳尖為支點的話，重力產生一個順時針的力矩，使人體向前摔倒。

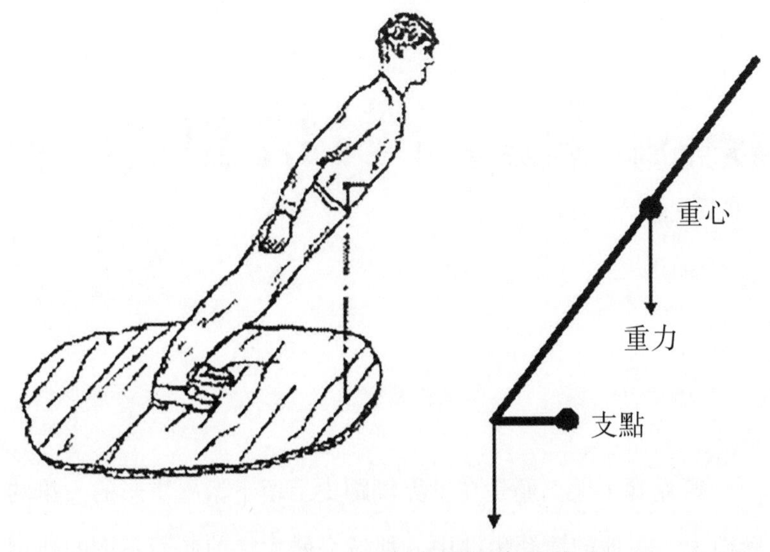

圖 2「對抗重力」造型的秘密

如果在鞋跟處施加一個向下的力，那麼它就會產生一個逆時針的力矩，平衡重力產生的力矩。這兩個力矩平衡了，人體就會處於平衡狀態而不會摔倒。這就是邁克爾 · 傑克遜的經典造型。

把腳綁在地上當然可以做出圖 2 中的造型，但邁克爾·傑克遜是在舞蹈中做出這個動作的，把腳捆住顯然沒有意義。他的秘密在哪裏呢？

1993 年，邁克爾·傑克遜實現這個造型的設計獲得了專利。實際上，這跟武打片中飛來飛去的特技沒有區別——都是道具在起作用。秘密就在他的鞋跟和舞台設計上！

那雙鞋有很堅硬的鞋跟，裏面是空的，朝着鞋尖的方向是開口的。鞋跟底部有一塊金屬板，切去了一個三角形，從而呈現一個 V 形缺口，V 形的開口也朝向腳尖。金屬板之下有一層正常的鞋跟材料，使得它與地面的接觸跟普通鞋一樣。當然，這層材料的形狀跟金屬板一樣，也有一個 V 形缺口。

在舞台的特定位置有一個伸出地面的螺栓，螺栓頭向上。舞者把鞋伸向螺栓，因為鞋跟的 V 形開口比螺栓的直徑大得多，所以很容易對準。舞者把腳往前伸，螺栓進入 V 形後部，螺栓頭就被 V 形金屬片卡住。這樣，腳就被固定在了地面上。當身體前傾時，螺栓就施加了一個向下的拉力。只要鞋合腳，腳不從鞋中滑出，人就不會摔倒。

身體前傾，停留了足夠長的時間後，舞者只要恢復正常站立，然後把腳往後移動，螺栓退到 V 形的開口一側，舞者便可輕易地脫離螺栓，繼續下面的舞蹈動作。

實際上身體大幅前傾的這個造型不是邁克爾·傑克遜首創的。第一個做這個動作的人使用的是吊繩，就像李寧在北京奧運會開幕式上完成的飛行動作那樣。不過吊繩對舞蹈來說顯然難度比較大，邁克爾·傑克遜的設計則很巧妙地利用鞋和舞台，使得固定腳的操作基本上不影響其他舞蹈動作的展現。

最後強調一下，即使知道了邁克爾·傑克遜這個造型的秘密，要完成這個造型也不容易。一方面，製作這樣一雙鞋的工藝要求很高。如果說把鞋緊緊地固定在腳上而不脫落還不難的話，製作符合要求的鞋跟則需要很高的工藝水平。從圖 2 中可以明顯看出，鞋跟與腳尖（力學分析中的支點）的距離很短，這使得對抗身體重力力矩所需要的力相當大。這個力將完全作用於鞋跟的金屬片上，如果金屬片和鞋的連接不夠牢固，鞋跟就很可能裂開。另一方面，這個很大的力最終會通過鞋作用於踝關節，同時作為支點的腳尖要承受這個拉力和身體重力之和，對普通人來說也很難做到。從在物理原理上能夠實現到具體的人能夠真正實現，這個過程還需要艱苦的訓練。

那個著名的斜塔實驗，伽利略是不是錯了

很多人都知道伽利略做比薩斜塔實驗的故事：長久以來，人們相信重的物體比輕的物體先落地。伽利略從比薩斜塔上同時扔下兩個重量不同的鐵球，它們同時落地，從而證明了物體下落的速度與它的重量無關。

關於這個實驗有許多傳說。有人說這個實驗並不存在，只是一個理想實驗，用邏輯推理進行的。還有人說這個實驗的結果其實不是兩個鐵球同時落地，而是大球早一點點落地，只是因為差別很小，人們相信是由實驗誤差導致的。

無論如何，斜塔實驗在科學史上都意義重大：它用科學實驗和科學推理推翻了人們相信了幾千年的東西。

可是，如果我們根據這個實驗得出「物體下落的速度與它的重量無關」的結論，有沒有問題呢？

讓我們來考慮以下兩個實驗：

（1）把兩個鐵球換成兩個氣球，但一個不充氣，另一個充上氣。從高處往下扔，相信大家都能給出答案：不充氣的那個先落地。這裏，兩個球的重量是一樣的，但是大小不同，小的先落地。

（2）把兩個鐵球換成一大一小兩個塑料泡沫球。我們也從高處往下扔，如果高度足夠的話，會發現大的那個先落地。這裏，兩個重量不同的塑料泡沫球，重的那個先落地，結果跟伽利略推翻的「錯誤」認識一樣。

理解這兩個實驗後，你或許會問：伽利略是不是錯了？在我們回答這個問題之前，來看看球下落的過程中發生了甚麼。一個球在空中受到向下的重力和向上的空氣浮力，因為重力遠遠大於浮力，所以球自上往下落。在球動起來以後，貼着球表面的那層空氣分子會跟着一起動，而與那層空氣分子挨着的其他空氣分子自然不願意同胞被拐跑，會用力拉住那層空氣分子。但是空氣分子的力量有限，完全不是球的對手，不但沒把同胞拉住，自己還被拐帶着往前跑。它們往前跑，與它們挨着的那層空氣分子又來拉……於是球周圍的空氣分子都不同程度地被球帶着往下走。對球來說，就是表面有一個力在拖它的後腿。我們通常稱這個力為「空氣阻力」，更準確地說，應該叫作「表面曳力」（見圖 3）。

不難想像，表面曳力的大小跟球的大小和球運動的速度有關。球越大，表面積越大，表面曳力就越大（因為被帶動的空氣分子的數量跟球的表面積成正比）。而球速越快，對空氣分子的拉力越大，同時捲入挽留行動的空氣分子就越多，產生的表面曳力也就越大。另外，空氣分子之間的親密程度對表面曳力的影響也很大。試想一下，分子間關係不好的話，分子沒那麼大的熱情去挽留別的分子；分子間關係好的話，分子願意付出大力氣挽留別的分子。比如，水分子之間的關係就比空氣分子之間的關係好很多，在水中進行上述實驗的話，結果的差別就更加明顯了。這種分子間關係的緊密程度，用科學參數來形容，就是黏度。水的黏度大約是空氣的 1,000 倍。

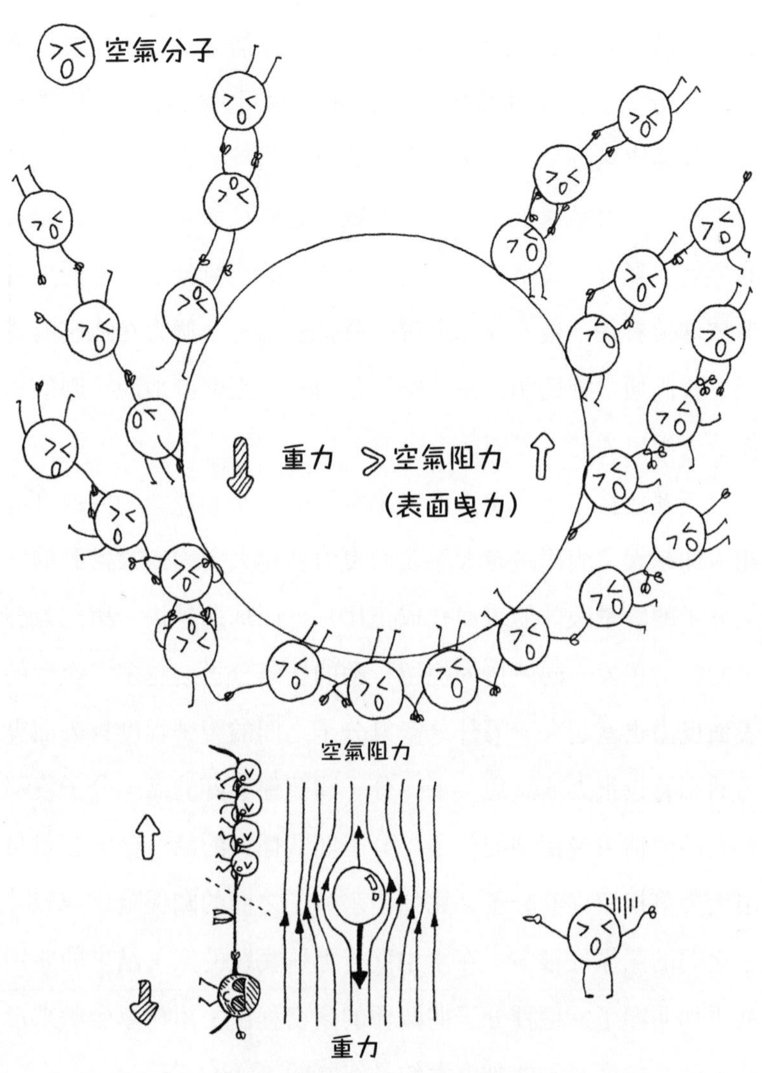

圖 3 空氣阻力（表面曳力）

在球不動的時候，沒有表面曳力，球在重力的作用下往下落。球的下落速度越來越快，受到的表面曳力就越來越大。一開始，重力佔優勢，在抗衡了表面曳力和空氣浮力之後，還有力氣讓球的下落速度加快，此時球還是越來越快地下落。到最後，表面曳力加上空氣浮力恰好和重力相等，球的運動達到了平衡，不再加速，這時候球的下落速度被稱為「斯托克斯沉降速度」。因此，哪個球先落地，取決於重力、空氣浮力和表面曳力的綜合作用。

鐵球的密度很大，對它來說，空氣浮力只有重力的幾千分到萬分之一，完全可以忽略。至於表面曳力，對大球和小球的影響確實不一樣。但是在從塔頂落到地面的這個高度內，它都處在遠遠小於重力的階段。在空氣浮力和表面曳力都可以忽略的情況下，兩個球的落地時間只受重力的影響，自然也就同時落地了。如果斜塔實驗中大球早一點點落地的話，也不一定是實驗誤差造成的，可能是表面曳力的作用導致的。如果我們把這兩個鐵球放在某種非常黏的液體中，就會發現大球早一步沉底了。

再來看那兩個氣球，雖然兩者所受的重力是一樣的，但是充氣的那個受到的表面曳力大得多，這個力很快就大到和重力抗衡的地步。因此，當沒充氣的球輕裝前進、絕塵而去的時候，它只好在後面閒庭信步，欣賞沿途的風景。

再看那兩個塑料泡沫球。相比鐵球，塑料泡沫球的密度小多了，同樣重量的鐵球和塑料泡沫球，塑料泡沫球的體積要大得多，受到的表面曳力也就大得多，在下落的時候，表面曳力很快就可以和重力一較高下，甚至完全與之抗衡，使球的下落速度達到斯托克斯沉降速度。重力和體積的大小成正比，體積越小則重力越小，而表面曳力和表面積成正比，表面積越小，表面曳力則越小。換句話說，如果小球的直徑為大球的 1/2，那麼它受到的重力為大球的 1/8，而受到的表面曳力是大球的 1/4。因為小球受到表面曳力的影響要大得多，所以它會後落地。

回到標題的問題，「伽利略是不是錯了」是一個沒有意義的問題。我們說科學的「真理」都是相對的，常見的誤解之一就是科學上的事情沒準兒，今天是對的，明天就可能是錯的。實際上，我們說科學的「真理」都是相對的，說的是它的適用範圍和條件，每一個科學結論都有它的適用條件。伽利略的結論對於他做的鐵球實驗是正確的，因為他所考慮的影響因素在那裏佔據主要地位，而別的因素都可以忽略。在別的情況下，當別的因素變得不可忽略時，他的結論也就不適用了。科學的發展就是人們逐漸趨近真實的過程。伽利略的實驗，一個初中學生就可以理解；表面曳力的數學推導，就需要至少大學本科的知識背景；如果把這個問題考慮得更為複雜，比如下落的是液體，液體內部還可以流動，或者下降的物體可以旋轉，空氣中還有空氣的流動，甚至下降的物體內部有動力系統，那麼問題就會變得異乎尋常的複雜。伽利略是科學史上的巨人，但是他大概也不會做這麼複雜的分析。科學總是在踩着前人的肩膀前進。

看，食品界這樣對付混入的「不速之客」

在食物中吃出一條蟲子無疑是很噁心的事情，比吃到蟲子更糟糕的是吃到石子或者金屬，因為如果沒仔細看吃到嘴裏，沒準兒就把牙硌掉了。在大學校園裏投訴食堂飯菜質量的記錄中，從米飯中吃出石子大概是最常見的。

蟲、石子、金屬這類東西在食物裏被稱為「異物」，準確的定義是「按照產品標準不應該含有的物質」。除此之外，還有一些異物可能因帶有致病細菌而威脅食品安全。即便安全不成問題，在食物裏吃出異物也會影響消費者的心情，較真的消費者還會追究到底，食品廠家因此狼狽不堪。因此，如何避免異物進入食品是現代食品生產中的重要一環，也體現着企業的技術水平和管理水平。

實際上，金屬類異物並不難對付。最基本的儀器是金屬檢測儀，它利用異物的金屬特性對食品進行掃描，一旦發現有金屬存在，就會報警並啟動後續的配套設備去除。不過這種儀器對玻璃、橡膠、石子和塑料等非金屬異物無能為力，檢測這些異物，使用X射線檢測儀就得心應手。只要異物的密度與食物相差較大，X射線就能夠識別出來。而且X射線的穿透性好，在罐裝、瓶裝或者袋裝的食品上應用起來也毫無難度。

可以說，只要把金屬檢測和X射線檢測聯用，各種硌牙的異物就基本上無所遁形了。

雖然金屬檢測儀和X射線檢測儀的功能很強大，但它們對檢測密度較小的非金屬異物（如頭髮）力不從心。實際上，目前也沒有甚麼好辦法可以檢測食品中的頭髮。那麼食品行業該怎麼辦呢？

當然不能告訴消費者「我們也沒辦法，大家湊合一下吧」。食品行業祭出了解決問題的萬能打法：「嚴防死守，杜絕進入！」具體措施很煩瑣，簡單來說，核心就是找出每個可能混入頭髮的機會，制定相應的控制流程，然後嚴格執行。首先，嚴格檢查原料和包裝材料，杜絕原料中夾帶。其次，嚴格要求工人做好個人衛生，比如要求每月理髮，經常洗頭，從而把容易掉落的頭髮提前去掉。進入生產區的人，包括參觀者在內，都必須用內帽完全兜住頭髮以免頭髮掉落。為了避免衣服上有頭髮，需要事先用黏毛器處理衣服，而工人需要穿連體工作服，工作服不得帶出生產區。在工作期間，工廠還會要求工人每隔一段時間就互相檢查有無頭髮外露，如果發現，就需要到黏毛處進行處理。

在這樣的控制措施之下，即便不能說「萬無一失」，頭髮要想突破圍追堵截進入食品，機會也實在渺茫。而其他的異物，如木頭、塑料、紙屑，隱蔽能力和突破能力都比頭髮低，防範壓力也就小一些。思路跟防範頭髮進入一樣，也是弄清來源，然後全方位圍堵。簡單來說，這些異物的來源可以歸結為五類：人（包括工人、管理人員和外來參觀者）、機（包括設備、配件、維修工具等）、料（包括原料、輔料、包裝物料等）、法（包括加工方法、搬運方法、標識方法、清掃方法、消毒方法等）、環（即生產區域內的整潔程度）。

當然，這五大方面的每一項又都包含很多細節內容。食品製造商會針對每項細節內容按照「最壞」的狀況制定防範措施。比如，我們用筆寫字，難免會有筆帽掉到地上的情況，為了避免筆帽掉進食物，廠區內禁用帶有筆帽的筆。再如，工人進入生產區，不能戴任何首飾、髮卡。即使為了尊重參觀者，不便要求其取下戒指或者手鐲，也要用膠布纏上、戴上手套，以防萬一掉落。考慮到這些細節並進行防範，其他更有可能出現問題的環節就更受重視了。這或許有點兒「矯枉過正」，但此舉必然能有效地防止異物的進入。

所謂「再狡猾的獵物也鬥不過好獵人」，在嚴格規範的食品製造企業裏，產品中出現異物雖然不能說「絕不可能」，但出現的可能性比買彩票中頭獎還是要小得多。

當然，這要求生產企業不僅具備一定的規模，有實力安裝必要的設備，而且要制定和實施嚴格的生產規範。有規模才可能提供實力，有了實力，再加上態度，也就可以把食物中出現異物的可能性降到微乎其微。有些食品品牌之所以能夠脫穎而出，並非食品更有營養，而在於每個細節做得更好。

實驗室手記之儀器別鬧了

有一天，同事對我說儀器不知道出了甚麼毛病，測出來的界面張力跟以前不一樣。那台儀器是我管理的，自從搬到新實驗室，我就一直沒有用。同事說它出了毛病，我就得負責把它弄好。

水和油之間的界面上存在一個界面張力。（關於界面張力，在第四章「如果太空裏有一團水，會是甚麼形狀」中將詳細講解，在這裏只需要把它當作一個需要測試的數值即可。）減小這個張力是把油分散到水中的核心。因為一種蛋白質或者其他分子降低界面張力的能力體現了它的表面活性，所以我們經常要測量某種水溶液對油的界面張力。

那台儀器的原理並不複雜。微量泵將水溶液打到注射器裏，在針頭處形成一個小液滴。因為針頭浸在油中，所以液滴的表面就是水和油的界面。水滴受到重力的作用要往下掉，而浮力和界面張力則向上「拉」住它。重力、界面張力和浮力的平衡造就了液滴的形狀，而科學家們已經找到三者和液滴形狀之間的函數關係。浮力和重力分別由水和油的密度決定，它們都是已知的。因此，只要拍下液滴的照片，就可以用軟件計算出界面張力。

我們一般把水和油的界面張力作為參照來比較不同蛋白質的表面活性。同事發現的問題是：同樣的油和同樣的水，早上和中午測出來的結果不一樣。

我首先想到了兩種可能：一是她用的油不穩定，從早上到中午發生了變化；二是在測量不同的樣品之間，注射器及連接管線沒有清洗乾淨，影響了結果。

同事對我提出的問題表示贊同，嘗試着手解決。她拿了一瓶新的油，在第一天早上和中午分別測量，中午測出的數值明顯比早上的大。第二天早上，她又用這個瓶子裏的油重新測量，跟第一天早上測出的數值相近，這說明油並沒有變質。為了檢驗第二種可能，她按照最嚴格的清洗流程清洗注射器及連接管線，並且把清洗時間加倍，但是問題依然存在。

她把自己的實驗停下了，等着我解決問題。因為油和水之間的界面張力沒有標準值，所以無法確定我們測出的數值是否準確。於是，我就改成直接測純水和空氣之間的界面張力，在常溫下應該是 72mN/m[1] 左右。讓我感到鬱悶的是，不管是在早上還是中午，測出的數值都約等於 72mN/m。也就是說，這個問題只在測油和水之間界面張力的時候存在。

萬般無奈之下，我只好打電話給儀器公司尋求技術服務。那是一位做兼職的大學教授，他聽了我的描述，難以相信，認為肯定是油不穩定。於是，我把那瓶油快遞給他，由他在自己的實驗室測。過了幾天，他告訴我，他的學生反覆測過了，不管在甚麼時候測，數值都很接近我們早上測出的數值。

看起來，一定是我們的這台儀器太調皮。

由於儀器還在保修期內，我就請他過來看看。他說他完全沒有思路，來了也是浪費時間，還是先做一些診斷再說。我把

1　mN/m 為毫牛頓 / 米。——編者註

測量的原始數據文件發給他，他也看不出甚麼問題。然後他說想看看液滴的照片。這台儀器的軟件並不存儲照片，而是直接轉化成數字保存。我用電腦的截屏功能「拍」了很多液滴的照片發給他。他說，看起來中午的照片要亮一些。

我仔細看，確實是中午的照片稍微亮一些。難道這就是原因？那麼為甚麼中午的照片要亮一些呢？

我能想到的就是，可能儀器上的燈使用時間太長，不穩定，出於某種我不知道的原因，在開了幾個小時之後會變得更亮。於是，我提議換個燈試試，但他說那個燈使用壽命很長，只要不弄壞，應該可以用終生的，也從來沒有聽說過不穩定。我想：我們現在遇到的情況你不也沒有遇到過嗎？不過出於對專業人士的尊重，我還是決定做個實驗看看。

第一天測完之後，我把燈一直開到了第二天早上，再測，得到的是早上的數值。也就是說，長時間開燈並不是問題的根源！他沒有辦法了，我也快絕望了。實在不行就只能把儀器送回他們公司檢修。在送回去之前，我需要寫一份問題描述。於是，我決定再做一遍，把問題出現的所有細節都記錄下來。

一切如常。早上測出的數值是對的，等到中午，數值如期變大。那天陽光明媚，我順手關了一下百葉窗，數值竟然立刻往下跳！

我又打開百葉窗，數值又恢復。看來，問題的根源是百葉窗！我立刻打電話給那位教授。他大叫一聲，說：我忘了你跟我提過你們搬實驗室的事！這台儀器的核心就是照相機，照在液滴上的光主要來自光源燈，但是那部份的密閉做得不太好，周圍環境中的光線還是會產生一定的影響。

一切都水落石出了：因為我們總是在早上校正儀器，所以早上測出的數值總是正確的；到了中午，窗外的光線很強，跟早上校正儀器的時候不同，測出的數值就不準了。以前的那個實驗室在樓的中間位置，根本就沒有窗，全靠燈光照明，也就不會出現這種情況。而測水和空氣界面壓力的時候，這兩種物質相差太大，邊界明顯，那點光線的差別幾乎影響不到拍到的液體形狀，因此早上、中午測出的結果都是對的。

教授說：這台儀器需要安裝在光線恆定的房間，否則就得每測量一次就校正一次。新的實驗室分配已經確定，我也無法找到一個光線恆定的地方。每次測量之前都校正，顯然非常麻煩。最後，我想到了一個解決辦法：測量的時候，用毛巾把整個光源和相機部份蓋住。同事試了試，說：雖然看起來有點兒怪異，但是問題的確解決了。

實驗室手記之師妹的大作業

師妹畢業前選了一門課，叫作「核磁共振應用」，教授要求每個學生結合自己的研究完成一個小的研究題目，需要跟自己的導師商量選擇題目，不能為完成作業而做，而要將學到的技術服務於研究。我的導師是個很認真的人，我當時的研究正好在用這個技術，他就讓我幫師妹選一個題目。

師妹當時臨近畢業，我估計她也沒多少時間專注於此，就做個容易出結果的吧。反正一個作業而已，也不用做出甚麼新的發現。當時我們正在做一些蛋白質的功能研究，之前已經有人用核磁共振研究過蛋白質的變性，結論是蛋白質的變性會導致弛豫時間變化。弛豫時間的物理意義説起來比較複雜，對於這個故事也不重要，這裏也就不詳細講解了。簡單來説，弛豫時間就是用核磁共振技術檢測出來的被測樣品的一個性質。作為一門課的作業，考察一下加熱溫度和加熱時間對蛋白質變性程度的影響也就夠了。

師妹找到了那篇原始論文。論文作者做了這樣一些實驗：測量不同濃度蛋白質溶液的弛豫時間，然後把這些溶液高溫加熱一定時間，再測，弛豫時間都下降了。因為別的研究已經表明經過高溫加熱的蛋白質結構發生了變化（所謂的變性），所以結論是這種變性導致了弛豫時間的縮短。這篇文章已經發表好些年，大家也一直引用這個結論。

師妹測量了很多數據，在實驗室開例會的時候給大家看。奇怪的是，有些樣品的弛豫時間縮短了，有些樣品卻沒有。加熱這些樣品的溫度和時間是一樣的，也就是説，變性程度應該是一樣的。難道那篇論文的結論有問題？導師説，我們不能這麼下結論，首先我們要重複那篇論文中的實驗，其次我們要重複自己的實驗，看看重複結果再説。

第二週，師妹又拿了一堆數據，重複那篇論文的樣品證實了那篇論文的數據，那些弛豫時間沒有縮短的樣品也得到了重複。導師説，現在我們可以看到，那篇論文的樣品中蛋白質濃度都比較高，而我們測量的那些弛豫時間沒有縮短的樣品都是低濃度的。也就是説，弛豫時間的長短可能與蛋白質濃度有關。原論文中沒有提到這一點，意味着那個結論至少是不完善的。根據目前的數據，我們該如何解釋這個現象？如何證實或者證偽我們的解釋？

於是，這次例會基本上都在討論這個問題，儘管這個問題只是師妹的一個作業而已。最後，大家形成了三種可能的假設及驗證方法：

(1) 蛋白質濃度低的時候，弛豫時間信號很弱，被背景淹沒了，檢測到的不是真實的弛豫時間，而只是隨機的無關信號。要證實或者排除這個假設，只需要測量純水的弛豫時間。

(2) 蛋白質的變性受分子間作用力的影響，蛋白質濃度低時沒有發生變性。為了驗證這種假設，可以用其他儀器檢測蛋白質是否發生了變性。

(3) 弛豫時間的變化不是由蛋白質變性造成的，而是由其他原因引起的，但是這種變化在低濃度下不發生，只有在高濃度下才會發生。驗證這種假設比較複雜，第一步可以把高濃度下變性的蛋白質稀釋到低濃度，看看弛豫時間是否發生變化。

又過了兩週，師妹說前兩種可能都被排除了。而把高濃度下變性的蛋白質稀釋到低濃度後，其弛豫時間比低濃度下變性的蛋白質短。這說明第三種可能是正確的。作為一個作業，這已經做得太多了。導師說，這是一個很有意思的結果，我們應該進一步研究，搞清楚蛋白質加熱過程中弛豫時間縮短的機理是甚麼。但是那門課要結束了，師妹也沒有時間去做更多的實驗。導師就去找那門課的教授，擔保師妹會得到很有趣的實驗結果，並讓那個教授也加入進來，共同探討這個問題。

其實做到這裏，後面的事情就比較簡單了。對低濃度下加熱變性的蛋白質進行濃縮，所獲得的溶液弛豫時間沒有縮短，證明高濃度的蛋白質溶液在變性的過程中發生了其他變化，而該變化才是弛豫時間縮短的原因。我想起以前做過的滲透壓試驗，這種蛋白質在一定濃度之上加熱時會發生聚合，或許聚合才是弛豫時間縮短的原因。於是師妹又用另一台儀器測量出前面用到的所有溶液中蛋白質分子的大小，如果蛋白質分子發生了聚合，測出的分子就會大一些。結果發現，弛豫時間短的那些樣品分子確實更大。也就是說，弛豫時間的縮短的確是由分子聚合引起的。這個結論得到了那門課的教授在理論層面的解釋。

這樣，師妹的一個大作業做到了畢業之後才做完。不管是她自己，還是導師和那門課的教授，所投入的時間都遠遠超出了預期。這一研究推翻了前人得出並且人們接受已久的結論。這個結果本身或許對生產生活並沒有甚麼實際意義，甚至不能說它就一定是正確的，只能說它最恰當地解釋了目前人們觀察到的現象，因此在科學發展領域具有一定的意義。最後，師妹發表了一篇不錯的論文。

自從懂得了敲西瓜的原理，我就再也不敲了

買西瓜時敲擊、拍打西瓜是中國消費者的習慣。據說，由於敲西瓜的人太多，意大利一家超市甚至立了個牌子：「尊敬的顧客，請您不要再敲西瓜了，它們是真的不會回應的！」雖然沒有針對中國顧客，也不是用中文，但一些中國同胞還是感覺受到了「歧視」：傳承多年的民間智慧豈是你們這些外國人能夠理解的？

其實，多數人敲西瓜只是因為別人都在敲，覺得如果自己不敲的話就顯得很業餘，所以也要敲一下、聽一下，煞有介事

地比較一下再買。

敲西瓜堪稱中國人買西瓜的儀式。

不過，敲西瓜發出的聲音的確跟西瓜的生熟程度相關。

這是因為敲一個物體時會產生一系列振動。一系列振動經過被敲物體的傳遞，頻率和幅度會發生改變，也就會產生不同的聲波。而發生甚麼樣的改變，是由被敲物體的材質決定的。因此，比較發出的波和經過被敲物體傳遞的聲波，可以推算出被敲物體的材質參數。

在工業領域，可以利用這一現象設計出超聲波流變儀，通過對比超聲波透過食品前後的變化，在不破壞食品的條件下測定食品的流變學特性。比如罐頭食品，可以在不開罐的條件下測定其內部的黏度等特性。因為黏度是隨着加熱而變化的，所以根據測出的黏度可以知道罐頭中的食品是否加熱充份了。再如麵糰，在發酵過程中會持續地變化，但不同批次麵糰的發酵情況可能差別很大。通過這種儀器檢測麵糰內部的材質特性，也就可以檢測其發酵程度。

在不同的成熟程度下，西瓜瓤具有不同的材質特性，因而會發出不同的聲音。在理論上，敲西瓜、聽聲音可以判斷出西瓜的生熟。

但是理論上的可行並不意味着在實際操作中具有實用性。「聽聲辨瓜」的前提是能夠把聲音的變化跟瓜瓤的品質對應起來。但對絕大多數人來説，這種對應關係都只是「可能存在，但是我不會」。比如別人告訴你聽到甚麼樣的聲音就是熟瓜，聽到甚麼樣的聲音就是生瓜，但聲音並不是只有兩三種截然不同的情況。即便是把那些「聽聲辨瓜」的秘訣爛熟於心，真正敲出聲音來還是靠猜。更讓人崩潰的是，不同的人所傳授的敲瓜經驗不盡相同。

自從我明白了超聲波流變儀的原理，買西瓜的時候也就不再裝模作樣地敲了，反正聽出了不同的聲音也不知道哪種好、哪種不好，也就不去費那勁兒了。至於如何挑西瓜，我的選擇就是挑模樣周正、個大新鮮的。

第三章

你的美好生活，是從化學和生物開始的

聞香治病靠譜嗎

大學畢業前，每個同學都要到實驗室參與一個研究課題，做半年的實驗。有位女同學參與的實驗需要每天煮植物（好像是蒼耳子），把揮發出的蒸汽冷凝下來。那段時間，她經常拿着做出來的東西給其他同學聞，其中一個同學很納悶地說：「今天又聞了，一點兒也不好聞……」這個不好聞的東西就是一種後來人氣極高的東西——精油。

所謂精油，是指從植物中提取的有香味的物質。這是一個很寬泛的概念，其中涵蓋了很多具體的東西。比如來自柑橘皮的精油和來自玫瑰花的精油雖然都屬於精油，但完全不同，就像玉米和大米雖然同屬「糧食」，但它們是兩種東西。每一種精油中通常含有幾百種化學成份，這些成份的不同造就了不同精油的特有氣味。不過它們也有一些共同特徵，比如不溶於水而易溶於酒精或者油、易揮發、有一定氣味等。純的精油很難保存，通常都保存在別的液體如橄欖油中，而精油的濃度一般只有百分之幾。

植物的花、葉、果皮、種子及樹皮、木頭都可用來提取精油。有的精油是壓榨的，比如柑橘精油。不過多數是像前面說的那位女同學那樣通過熬煮，讓精油揮發然後冷凝得到的——這種方法被稱為「蒸餾」。現在也有一些用有機溶劑提取的精油，不過由於溶劑殘留可能影響氣味，有人認為這種通過溶劑萃取的精油不是「真正」的精油。

精油的使用可以追溯到古埃及時期，人們用精油治病，也用精油製作木乃伊。後來精油在歐洲及世界其他地方都曾盛行。現代醫學逐漸興起，這種「傳統醫學」因成份不明、療效不確定、難以經受現代醫學的檢驗而逐漸沒落。20 世紀初，一位法國化學家根據古代典籍和歷史傳說，把使用精油的治療手段稱為「芳香療法」，並在 1937 年就此出版了一本書。20

世紀 80 年代之後，人們對現代醫學還不能解決的問題越來越關注，很多人也因此對「輔助與替代醫學」產生了興趣，比如順勢療法、音樂療法、按摩療法、冥想，以及印度、中國等地的傳統醫學。芳香療法被當作一種輔助療法，也引起了越來越多人的興趣。

芳香療法歷史悠久，不過重新引起人們的興趣還是在它接受現代醫學的研究之後。目前，有很多這方面的研究成果發表，每隔幾年就有人做綜述。不過總的來說，高質量的研究還是不多。芳香療法一般通過讓精油揮發到空氣中或者直接用鼻子吸入精油發揮作用。也有一些通過外用發揮作用，比如用作按摩油塗抹到皮膚上。後面的這種方式也是精油應用到化妝品中的基礎。據傳芳香療法能夠治療的病很多，不過現在主要集中於與精神狀態有關的疾病，以及抗菌之用。對於影響病人精神狀態的研究，假設的作用機理是精油的分子與鼻腔內的受體結合，產生神經信號傳遞到大腦，引發大腦分泌其他物質而影響病人的精神狀態。對抗菌作用的研究比較簡單，在動物實驗中也得到了許多「有效」的結果。對於這種歷史悠久的療法，有許多關於其神奇作用的傳說，也有人去驗證這些傳說中的「神效」。不過在比較可靠的研究中，這兩方面的作用「時靈時不靈」，而其他的「神效」基本上都不太靠譜。用學術界的常用語來說，是「這些研究還很初級」。有一篇來自澳大利亞的綜述這樣總結芳香療法的效果：芳香療法的最終效果受「醫患關係」影響很大，15% 取決於精油及其用法，40% 取決於病人，30% 取決於治療師，還有 15% 取決於「希望」或者「信心」。

或許正因如此，芳香療法只能成為輔助療法，幫助改善病人的主觀感受，而難以真正用來治療疾病。在美國，因為不能宣傳它的任何療效，所以不用經過 FDA（食品藥品監督管理局）的認可就可以上市。

對消費者來說，精油一項可愛的品質是副作用很小，尤其是商品精油，都溶解在酒精或者某種油中，濃度很低，基本上未見有副作用的報道。這也是 FDA 不過問它的另一個原因。聞香能否產生愉悅感，塗抹精油能否美容，本身就是主觀性比較強的感受。只要不指望它真能治病，消費者最多就是浪費金錢，危害健康的可能性也不大。

它的不可愛之處在於成份太複雜，難以對其進行質量監控。一個產品雖然可以被吹得天花亂墜，但是具有專業支持的主管部門尚且無法確定它的品質是高是低，消費者就更無從判斷了。

避免「老人味」，做優雅的老人

許多老年人都有過這樣的經歷：見到不經常見面的孫輩，想要親熱地抱抱，小寶貝卻躲開了，說是老人身上「有味兒」。雖然童言無忌，但老人們不免尷尬、煩悶：自己明明挺乾淨的，為甚麼小寶貝卻不喜歡呢？

老年人身上這種「自己聞不到，別人聞起來挺明顯」的味道，被稱為「老人味」。日本人還專門給它起了一個名字，叫作「加齡臭」。

「老人味」是如何產生的

科學家們還沒有完全弄清「老人味」的產生機理。一般認為，「老人味」是體表分泌的油脂氧化，並與體表細菌綜合作用的產物。2000 年，日本學者發現 2- 壬烯醛可能是產生「老人味」的主要原因。

人體在不同年齡段體表分泌物的狀況不同，抗氧化能力也不同，也就導致了老年人特有的氣味。

「老人味」的盲測試驗結果很意外

美國莫內爾化學感官中心做過一項試驗，證實「老人味」的確存在。在試驗中，男性和女性志願者分別被分成青年、中年和老年三組，他們連續五天穿同一件沒有味道的 T 恤睡覺。T 恤的腋下縫了一塊吸收能力強的軟墊。起床後，T 恤被封存於塑料袋內。白天，志願者們不吃辛辣食物，避免煙酒，用沒有氣味的洗浴產品。五天之後，剪下軟墊，裝進玻璃瓶，讓 41 位青年男女來「聞味識年齡」，並且評價氣味的強度與是否好聞。

結果，在不知道玻璃瓶中的軟墊來自甚麼人的情況下，志願者們能夠判斷出氣味來源者的年齡，尤其是對於老人的氣味，志願者們比較容易識別出來，而對青年和中年氣味的辨別就要難一些。這說明老人的確有特殊的「老人味」。

不過，多少有些出人意料的是，來自老人的氣味雖然能夠被識別出來，但志願者並不認為老人的氣味難聞。對於六組氣味，是否好聞的評價結果從高到低（高代表好聞）依次是：中年女性、老年男性、青年女性、老年女性、青年男性、中年男性。老年男性的氣味竟然僅次於中年女性，比其他組都要好聞一些；老年女性雖然比中年女性和青年女性要難聞一些，但也比中年男性和青年男性好聞；最難聞的中年男性，志願者們對其評價結果是遠比其他各組難聞。根據這項研究，人們常說「臭男人」，中年男人還真是名副其實。

為甚麼這項研究的結果與生活經驗不一致

我們通常說到「老人味」，都是指不好的氣味，有些人甚至稱之為「老人臭」。這項研究的結果卻與之相反：老人味雖然存在，但並不那麼難聞。

如果我們注意這項研究的設計，會發現，試驗中，志願者們不抽煙、不喝酒、不吃辛辣食物、每天洗澡。也就是說，基本上排除了導致身體異味的其他因素，聞到的氣味主要就是不同年齡段的體味。

然而現實生活中不同人的生活方式差異較大，尤其是許多人隨着年齡的增長運動量減少，覺得不怎麼出汗，也就不經常洗澡、不經常換貼身衣物。體表的分泌物和細菌累積，最後產生的氣味可能遠比這項試驗中的濃郁。而人的嗅覺器官有很強的適應性，自己的氣味無論好壞都很難感知到。面對其他人時，陌生人會避開，親人會容忍，而小孩子或許就童言無忌了。

如何做個優雅的老人

衰老是任何人都無法避免的，但我們可以盡力做個優雅的老人，在與兒孫或者外人相處的時候，不讓別人因老人味而感到不適。

既然「純正」的老人味其實並不那麼難聞，那麼生活中聞到的「老人臭」就主要是由生活習慣所導致的了。避免老人味，最關鍵的就是勤洗澡、勤換貼身衣物。煙酒會增加體內的氧化壓力，可能也會促進體表油脂氧化，從而產生更多的氣味分子。如果可能的話，遠離煙酒就可以大大減輕身體的異味。

至於飲食，或許有一些食物有一定影響，比如試驗中避免的辛辣食物，以及有人猜測的高油脂食物。但體味畢竟只是生活的一個方面，「吃得愉快」對我們的生活至關重要，為了「或許能減輕老人味」就戒掉某些食物，並沒有多大必要。

蛋白質進肚，命運各不同

學過生物化學的人在討論食物成份的時候經常會這樣說：因為任何一種蛋白質吃進肚子裏都要被消化成氨基酸才能被身體吸收，所以蛋白質之間並沒有甚麼區別。對常見的蛋白質和一般的營養功能來說，這種說法當然沒有甚麼大錯。但是，生物世界的東西充滿「例外」。我們面對一種陌生的蛋白質，可以用這樣的理由來說明它「和其他蛋白質沒有區別」嗎？

FDA 是否多此一舉

至少 FDA 不敢用這樣的「理論」來判斷一種蛋白質可否食用。比如，有一種蛋白質叫作 rbGH，是通過基因重組產生的牛生長激素，把它注射到奶牛體內，就可以提高產奶量。決定能否批准它用於提高產奶量的關鍵是判斷 rbGH 是否有害。牛奶中的 rbGH 是會被人吃進肚子裏的，按照「口服不能被人體直接吸收」的說法，FDA 不用做甚麼就可以直接得出「牛奶中的 rbGH 不會危害人體健康」的結論。

但是，FDA 的審核要求進行大劑量的短期動物實驗。在連續 28 天中餵小白鼠大劑量的 rbGH（相當於注射到奶牛體內的 rbGH 量的 100 倍），沒有觀察到小白鼠的任何生理指標出現異常。FDA 這才認為 rbGH 不會被人體吸收，因而不必進行長期的安全性實驗。

雖然這個結論與「理論預測」一致，但並不能據此認為 FDA 的這一實驗是多此一舉。有意思的是，加拿大的主管部門認為 FDA 的結論並不可靠，因為在另一項實驗中，餵小白鼠大劑量的 rbGH 後，在小白鼠體內檢測到了 rbGH 抗體的存在。這一結果讓 FDA 頗為尷尬。雖然抗體的產生不一定意味着蛋白質被直接吸收，但至少說明直接吸收是可能的。而FDA最終給出維持原結論的理由是「即使能夠產生抗體，也對人體無害，而且牛奶中的rbGH含量遠遠達不到產生抗體的劑量」。

換句話說，FDA不是基於rbGH是蛋白質就認為它在口服時不會被直接吸收，而是根據動物實驗得出的結論。在評估一種新蛋白質是否安全時，FDA和加拿大的主管部門都默認「口服蛋白質有可能被人體直接吸收」，而要求用實驗證據來否定這個假設。

蛋白質可能被腸道吸收嗎

出於科學的嚴謹，FDA等權威機構默認陌生蛋白質是有可能經過口服被腸道直接吸收的。那麼到底有沒有這樣的例子呢？

日本科學家藤田貢等人在1995年發表過一份研究報告。他們把納豆激酶注入小白鼠的十二指腸，發現納豆激酶可以被吸收進入血液，然後發揮納豆激酶的生理活性。當然，這項研究只能說明納豆激酶可以通過小白鼠的小腸壁，並不能說明口服的納豆激酶經過胃液消化之後能夠完整地到達小腸，也不能説明納豆激酶在人體中會有同樣的行為。因為納豆激酶的研究不是熱門領域，所以這項研究並沒有引起廣泛的關注。不過，考慮到生物研究中經常用動物實驗的結果來推測人體的可能機理，這項研究至少説明：具有生理功能的蛋白質或者比較大的蛋白質片段經過腸道被人體吸收的可能性是存在的。

實際上，在現代藥學研究中，口服蛋白質藥物是一個非常熱門的領域。這一類藥物的設計理念一般是通過各種保護手段，讓藥物蛋白質能夠抵抗消化液的襲擊而安全抵達小腸，再釋放出來，並用其他物質減少小腸的吸收障礙，使得藥物蛋白質可以進入血液系統。製藥公司各顯神通，在過去幾年中取得了相當大的進展。目前，已經有一些公司的口服胰島素進入臨床試驗階段。

有口服可直接吸收的蛋白質嗎

顯然，不管是納豆激酶的動物實驗，還是口服蛋白質藥物，都還不能算作普通蛋白質經過口服被人體吸收，但經過口服直接吸收的蛋白質是存在的。

有一種叫作 BBI（Bowman-Birk inhibitor，包曼—伯克胰蛋白酶抑制劑）的蛋白質，它是來自大豆的一種蛋白酶抑制劑，由 71 個氨基酸組成。像其他蛋白酶抑制劑一樣，它可以抑制體內蛋白酶的作用，從而影響蛋白質的消化。傳統上，這樣的物質被當作「反營養物質」（即不僅不能為人體提供營養，還影響其他營養成份吸收的物質）。不過，後來人們發現它有非常好的抗癌效果，而且對多種癌症都有效，特別是它可以通過口服發揮作用。在動物身上進行的同位素示蹤實驗顯示，口服 BBI 兩三個小時之後，有一半以上的 BBI 進入了血液並輸送到動物全身各處，經尿液排出的 BBI 仍然具有活性。

在各種動物實驗中，BBI 顯示出了良好的療效和安全性。1992 年，FDA 批准它進入臨床試驗階段。在二期臨床試驗中，口服 BBI 顯示出了抗癌的能力。而用 BBI 抗體對病人血液進行的檢測結果顯示，BBI 可以通過口服進入人體血液，而從尿液中也能檢測到 BBI 的存在——這跟動物實驗的結果類似。至於那些沒有進入血液的 BBI，則未經消化排出了體外。

還有一種叫作 Lunasin（露那辛）的蛋白質，它由 43 個氨基酸組成，嚴格來說，它應該被稱為「多肽」而不是「蛋白質」。最初人們在大豆中發現了它，後來在小麥等種子中也找到了它。跟 BBI 類似，它也因口服抗癌的作用而受到關注。在2009 年發表的一份研究報告中，伊利諾伊大學的研究人員直接從血漿中分離得到了 Lunasin。他們讓志願者連續 5 天每天食用 50 克大豆蛋白，在第 5 天吃完之後的 30 分鐘和 60 分鐘分別取血漿進行檢測，結果發現，吃過大豆蛋白之後，血漿中出現了 Lunasin，而實驗之前則檢測不到。經估算，50 克大豆蛋白中含有的 Lunasin 平均 4.5% 進入了血液。

那些沒被消化徹底的「殘餘」

不僅是這些能夠經受住消化酶的考驗直接進入血液的蛋白質具有生物活性，即使是那些扛不住消化酶的襲擊而土崩瓦解的蛋白質也可能產生不同的生物活性。也就是說，不同的蛋白質即使被消化了，也不意味着就一定「沒有區別」。

通常，蛋白質到了胃裏就開始被消化，出了胃進入十二指腸的時候就變成了氨基酸及各種長短不一的蛋白質片段的混合物。這些蛋白質片段，小的由兩三個氨基酸組成，大的可以由幾十個氨基酸組成。在學術領域，它們被稱為「多肽」，在商品營銷中又被稱為「勝肽」。比如，兩個氨基酸組成的叫二肽，三個氨基酸組成的叫三肽……

進入十二指腸的這些混合物開始被吸收進入血液，同時小腸中的消化液進一步把這些多肽分解得更小。與人們的直覺不符的是，小腸對單個氨基酸的吸收不是最迅速的，而是對二肽、三肽吸收得更快。多肽是被吸收還是被進一步消化分解成氨基酸，取決於吸收和消化的競爭（見圖 4）。比如牛奶中最主要的兩種蛋白質，乳清蛋白很容易被消化，而酪蛋白則被消化得比較慢。因此，乳清蛋白的吸收以氨基酸或者二肽、三肽的形式為主，酪蛋白則更容易以多肽的形式被吸收。1998 年，法國巴黎大學的研究人員在《生物化學》（*Biochimie*）上發表了一項研究成果，他們給健康人食用酸奶或者牛奶，然後分別收集胃液、腸液和血液，以分析其中的多肽組成。在血液中，檢測到了兩個來自酪蛋白的長鏈多肽的存在。

傳統上，牛奶、大豆、魚等食物僅被當作優質的蛋白質來源。近年來，越來越多的研究把目光對準了它們產生的多肽。大量具有各種各樣生物活性的多肽被分離出來，並在體外實驗和動物實驗中顯示出了生理功能。雖然體外實驗和動物實驗的結果未必能在人體內重現，這些多肽能夠對人體健康產生多大的作用的確還需要更多臨床試驗的驗證，但有兩點是學術界廣

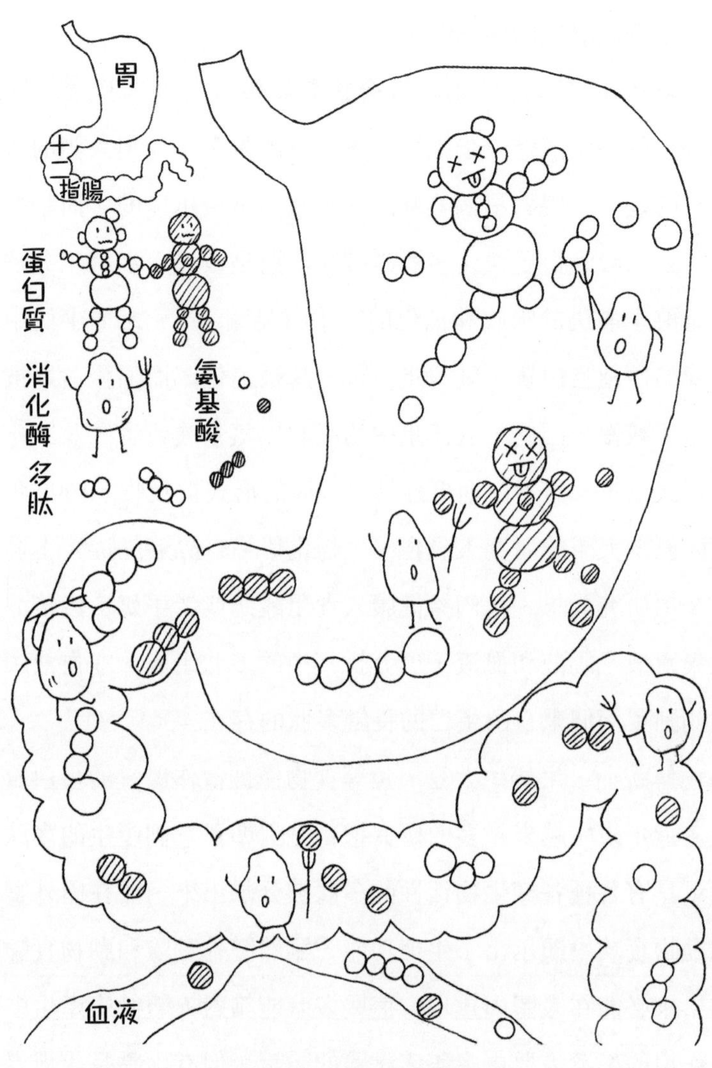

圖 4 蛋白質的消化與吸收

泛認同的：不同的蛋白質能夠生成具有不同生物活性的多肽，這些多肽可以被直接吸收進入血液系統。

2010 年，日本學者在《農業與食品化學雜誌》上發表了一篇論文。他們讓志願者吃不同來源的蛋白質或者這些蛋白質的水解物，然後在不同的時間抽取他們的血液，分析其中的胰島素及各種氨基酸和二肽的含量。他們發現，不同的蛋白質或者預先水解程度不同的同種蛋白質被食用之後，各種氨基酸、二肽進入血液的速度並不一樣。這種不同會導致胰島素分泌差異，從而影響人體的生理狀況。

這意味着甚麼

不同的蛋白質是不一樣的，即使吃進肚子裏，它們也不僅僅是滿足人體的氨基酸需求那麼簡單。雖然像 BBI、Lunasin 這樣特立獨行的蛋白質很少見，但是當我們面對一種新的、人類知之甚少的蛋白質時，也不能簡單地認為它就一定會被消化成氨基酸而被吸收，不會產生特別的作用。當然，這種特別的作用可能是好的，也可能是壞的。

即使是常見的牛奶、大豆、肉類的蛋白質，多數會被消化成單個氨基酸而被吸收，也還有一些頑強的蛋白質片段以多肽的形式存在。這些多肽雖然可能只佔吃下的蛋白質總量的一小部份，但是具有生物活性的有效成份往往並不需要在量上佔據主導地位。

不過，需要注意的是，理論上可行並不意味着打着「神奇蛋白」「活性多肽」旗號的商品就是有效的。面對那些被說得天花亂墜的蛋白質或者多肽產品，以「各種蛋白質口服之後都沒有區別」來否定也是不合理的。我們需要做的是，對生產者說：不要拿理論上的「可能」說話，請拿出具體的實驗證據。

造藥？造酒精？美國人這樣處理廢棄西瓜

在美國，超市裏的西瓜都是「五官端正」、大小均等的。對於那些長相不符合要求的，一般而言就任由它們爛在地裏。據統計，美國農場裏大約有 20% 的西瓜就這麼被浪費掉了，對農民而言也造成了不小的損失。於是，美國農業部與科研機構合作，想辦法對這部份西瓜進行廢物利用。

因地球的可持續發展受到關注，生物燃料成為一個新興的熱門領域。第一代生物燃料用糧食發酵生產酒精，但是這顯然會加劇糧食短缺。第二代生物燃料則尋求用非糧食成份來做發酵原料。發酵生產酒精就是把植物中的碳水化合物用酵母或者細菌轉化成酒精，而酵母和細菌都喜歡糖或者澱粉這類「好吃」的碳水化合物。對非糧食成份而言，其中的碳水化合物很大一部份並不以這些容易利用的形式存在。西瓜中含有 7-10% 的糖，正是酵母和細菌喜歡「吃」的種類。因此，那些廢棄的西瓜不管長得多難看，都不影響它們被發酵的效率。2009 年 8 月出版的《生物燃料用生物技術》（*Biotechnology for Biofuels*）發表了一項研究成果：西瓜汁經過酵母菌的發酵，1 克糖可以產生 0.4 克左右的酒精。這樣，一個 10 千克左右的西瓜可以生產 350 克左右的酒精。考慮到西瓜中水佔了很大的比例，這樣的轉化效率令人滿意。

要從西瓜中得到酒精，需要對西瓜進行發酵，然後通過蒸餾把酒精分離出來。科研人員設想的方式是使用流動發酵蒸餾裝置。農民把裝置推到西瓜地裏，把那些不宜售賣的西瓜撿來，在收集西瓜籽的同時收集西瓜汁，然後用西瓜汁來生產酒精。按照美國的西瓜畝產量和廢棄比例，一畝地大約可以回收 15 升酒精。這雖然並不算多，但考慮到這些西瓜本來是要丟棄的，多少還是為農民增加了一些收入。

不過這還不是最有效的廢棄西瓜利用方式。西瓜中含有大量番茄紅素，這是一種紅色的色素，具有很強的抗氧化性。有研究發現，西紅柿，尤其是熟西紅柿或者西紅柿醬，對於降低患某些癌症的風險有一定的作用。目前有許多研究者推測可能是其中的番茄紅素在起作用。不管這種可能是不是真的，番茄紅素都是一種天然的色素和抗氧化劑，這就足以使它身價不菲了。但是西紅柿本身也不便宜，從中提取番茄紅素也就受到一定的限制。而從廢棄西瓜中提取，在原料成本上就省了不少。廢棄西瓜可以用於提取番茄紅素，而提取完番茄紅素的廢液依然還保留着發酵所需要的成份，因此絲毫不影響其作為酒精的生產原料（見圖 5）。

因為西瓜汁中的糖含量不夠高，所以在發酵之前需要對其進行濃縮處理。而在用廢糖蜜或者蔗糖來發酵生產酒精的工藝流程中，又需要用水把這些原料稀釋到適當的濃度。那麼如果用西瓜汁來稀釋的話，一方面節省了生活用水，另一方面其中本來就含有 7-10% 的糖，可以減少糖蜜或者蔗糖的用量。西瓜汁也就不再需要進行濃縮處理。按照美國農業部關於這項研究的數據，用這些提取了番茄紅素的廢液來稀釋發酵原料，可以少用 15% 的糖蜜，而且節省大量的生活用水。

在酵母發酵的過程中，糖是作為碳源存在的，而酵母的生

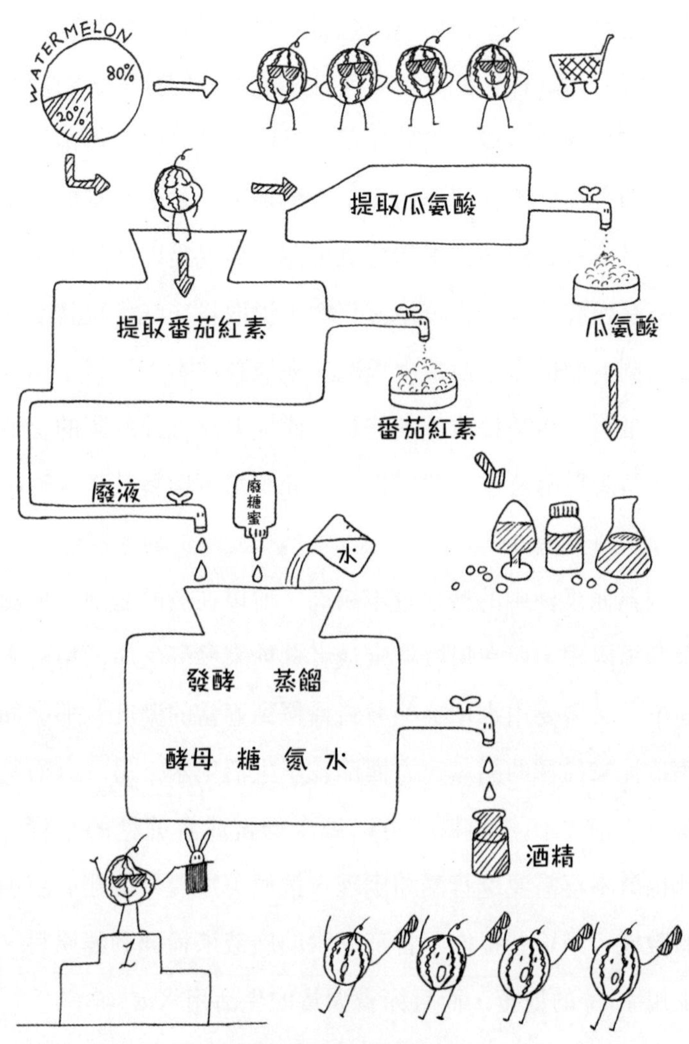

圖 5 廢棄西瓜的再利用

註：圖中 WATERMELON 為西瓜的英文。

長還必須有氮的存在。因為糖蜜中的氮含量不足以支持酵母充份發酵，所以用水稀釋糖蜜還需要額外加入氮源，也會提高一些成本。西瓜汁中含有很多游離的氨基酸，是酵母很喜歡的氮源。用純西瓜汁來發酵的話，就算酵母菌把其中的糖「吃」光了，也還會有富餘的氮。也就是說，酵母其實「吃」不了那麼多。用西瓜汁去稀釋糖蜜，這些富餘的氮就派上了用場，不用再額外加入氮源了。

除此之外，西瓜中還含有相當多的游離氨基酸，其中有一種叫瓜氨酸。瓜氨酸雖然不是人體必需的氨基酸，但它在人體內可以轉化成精氨酸，這個轉化過程和精氨酸在人體內的代謝可以調節體內氮的平衡，因此瓜氨酸就有了一定的醫藥價值。在製藥工業領域提取瓜氨酸也受到原材料的制約，而這些廢棄的西瓜汁就提供了廉價的原料。

專門種植西瓜來生產酒精、番茄紅素和瓜氨酸可能是不划算的，也是一種工業產品「與人爭食」的途徑。對這些不滿足人們的要求、本來要廢棄的部份，通過新型技術的開發加以充份利用是值得的。雖然它產生的經濟效益未必很大，但是在地球資源越來越緊缺、可持續發展的呼聲越來越高的今天，人類可以把各個角落的沙子聚集起來，堆成一個個沙堆。

地溝油不能吃，那它們應該去哪裏

地溝油可稱得上中國食品的「心魔」之一。新聞報道只要一提到地溝油，無論其真實性如何，都會立刻成為熱點而受到廣泛關注。

地溝油得名於地溝裏撈出來的油，而現在它的含義得到了很大的擴展，實際上是指各種來源的廢棄食用油或者劣質動植物油脂，如潲水油、廢棄的油炸油、廢棄動物提煉的油。

也就是說，地溝油其實是一個很寬泛的概念，不同的地溝油組成可能完全不同。這也導致無法找到一種真正正確有效的方法來檢測和鑒定地溝油。

地溝油的共同特徵就是來源不符合食品原料的要求。不管其檢測數據如何，都不該允許其流回食品供應鏈。無論在中國還是外國，食物加工產生的廢棄油脂都是一個巨大的問題。它本來是不應該進入地溝的，準確地説，我們應該叫它「廢棄食用油」或者「潲水油」。正所謂「垃圾是放錯了地方的資源」，對於這些廢棄的油脂，我們應該如何為它找到該去的地方呢？

地溝油發生了甚麼變化

食用油的基本化學結構是甘油三酯，就是一個甘油分子上連接着三個脂肪酸分子。脂肪酸分為飽和脂肪酸與不飽和脂肪酸。不飽和脂肪酸的含量高，油的熔點就低，在常溫下呈液態，我們將其稱為「油」，如大豆油、菜籽油等植物油。飽和脂肪酸的含量高，油的熔點就高，在常溫下呈固態，我們將其稱為「脂」，如豬油、牛油等動物油脂。

不飽和脂肪酸中含有不飽和的化學鍵，容易發生變化，尤其是被空氣中的氧氣氧化。溫度越高，氧化速度就越快。因為油脂在烹飪過程中都會被加熱到很高的溫度，所以煎炸的植物油使用時間過長的話，其氧化產物的含量就會大大提高。

不同的油含有的不飽和雙鍵數目及其在脂肪酸分子中的位置各不相同，烹飪溫度、加熱時間差別也較大，這些因素都會影響到油的氧化。不僅是氧化產物的量不同，氧化產物的種類也大不相同，這就導致對它們的分析變得很困難。人們很難預測使用過的油中含有的氧化產物的種類和含量多少，不過可以確定的是，一些氧化產物會讓油的氣味變得很差，甚至會影響人體健康。

在中國，廢棄食用油通常被倒入潲水。潲水養料充足，溫度適當，是各種細菌滋生的樂園，有一些細菌在生長過程中會產生毒素。

因此，食用油經過烹飪再進入潲水，就增加了許多身份不明的物質，其中很大一部份還可能是有毒有害的。

地溝油的歧途

地溝油是指從排污管道裏撈起來的油，有時候也直接從潲水油中獲取。據傳地溝油經過加熱、過濾等操作之後可以在外觀和味道上「以假亂真」。理論上，這很難實現，將那些產生異味的氧化產物及一些導致色澤、黏稠度產生變化的成份從油中分離出來並不容易。如果地溝油真的流回了餐桌，那麼也應該不是它真的可以「以假亂真」，而是餐飲業者明知故犯。

媒體經常報道地溝油的毒害有多大，比如其毒性是砒霜的 100 倍。其實它到底有多可怕並不重要——不管其毒性是砒霜的 100 倍還是 1%，都不該允許地溝油流回餐桌。

不過，任由潲水油流入排污管道也不是好的選擇。一方面，雖然油跟水不相溶，但是油很容易附着在排污管道上，久而久之，會影響管道的運行；另一方面，它在自然環境中進一步氧化，不僅產生的惡臭影響空氣質量，而且有害的氧化產物還給環境帶來一定的威脅。

在美國，餐館和食品加工企業產生的廢油是不允許倒入下水道的。生產者必須把它們收集起來，以前還需要付費請廢油收集公司運走。即使是個人，也鼓勵把油用密封的瓶子裝好放入垃圾桶，而這些垃圾最後會由垃圾處理公司收集到一起統一處理。

潲水油的通常去向——生物燃料

從化學的角度來看，潲水油的主要成份依然是植物油——一種可以燃燒的有機物。對廢棄油脂最常規的利用就是將其作為燃料來驅動發動機。

常規的汽車發動機需要把汽油噴霧打火，植物油沒有用武之地。它的出路在於柴油發動機。不過，與通常的柴油相比，不管是純植物油還是廢棄的潲水油，黏度都太高了，無法直接使用，而潲水油中可能含有的雜質也會損害柴油發動機。要把潲水油用於發動機，必須進行一定的處理。

一種思路是處理潲水油，讓其符合柴油發動機的使用條件。先對其進行過濾等操作去除固體雜質，然後加入酒精或甲醇，在催化劑的作用下，油中的脂肪酸會脫離甘油「骨架」與酒精或甲醇反應，生成「生物柴油」。反應混合物中除了生物柴油，還會有脂肪酸離開之後剩下的甘油、沒有反應完的酒精或甲醇，以及少量的水。反應混合物還需要進一步地分離、純化，最後才得到純淨的生物柴油。這個過程比較複雜，廢棄食用油相當於石油加工中的「原油」，而經過煉製得到的生物柴油可以直接用到柴油發動機上。

另一種思路是改裝發動機使之直接燃燒潲水油。這種嘗試在 100 年前就開始了，在 20 世紀三四十年代和七八十年代因石油短缺掀起過研發高潮。到了 80 年代，隨着石油價格的下降，生物柴油的美好前景很快沒落了。直到最近，由於石油價格飛漲，生物柴油的成本又居高不下，這種思路重新獲得了人們的關注，並且在實際操作上取得了很大的進展。

潲水油的高黏度會導致它進入發動機後不能完全燃燒，進而妨礙發動機的運行。值得慶幸的是，把油預先加熱到一定的溫度，其黏度就會降到可接受的範圍，從而在柴油機中正常燃燒。常規方案是在柴油發動機上增加一些裝置，使用的時候先用普通柴油啟動發動機，用發動機產生的熱量預熱潲水油，然後把油路切換到潲水油，就可以循環運行下去。這種方案的優勢顯而易見，餐館等地方會產生大量的廢棄食用油，把車開到餐館的廢油罐旁，就可以免費加油。只要省下的油錢超過改裝發動機的費用，就是有利可圖的。在美國，廢棄食用油通常是油炸油，相對來説雜質不多，使得這種方案更具可行性。在美國市場上，有許多進行這種改裝的服務，心靈手巧的人甚至可以自己完成。成本最低的改裝只需幾百美元就可以讓一台柴油車使用廢棄食用油做燃料了（見圖 6）。

不過，這種方案的短處也很明顯。首先，它需要兩個油箱，分別裝潲水油和普通柴油，需要的空間自然就增大了，通常只能用在對發動機總體所佔空間要求不高的設備上，如公共汽車、農用機械。因為油未經其他處理，所以改裝的發動機中需要有一個過濾裝置，而這個過濾裝置需要經常更換。其次，潲水油的質量也很重要，如果雜質太多，各種問題就會接踵而至。另外，此類改裝車在熱帶地區運行起來比較容易，而在氣候寒冷的地方，預熱就比較困難。也有一些公司研發直接使用廢棄食用油的發動機，不需要使用普通柴油啟動。在德國，已經有這樣的發動機面世。

除了驅動發動機，直接燃燒產生熱量也是一種思路。許多民宅的供暖通過燃燒柴油實現，這種燃燒對油品的質量要求不高，經過簡單處理的廢棄食用油也可以使用。另外，垃圾處理公司通過焚燒廢棄食用油發電，也是簡便易行的方案。

潲水油的新用途——節能塗料

科學家們一直在尋找潲水油的其他用途。在 2010 年的美

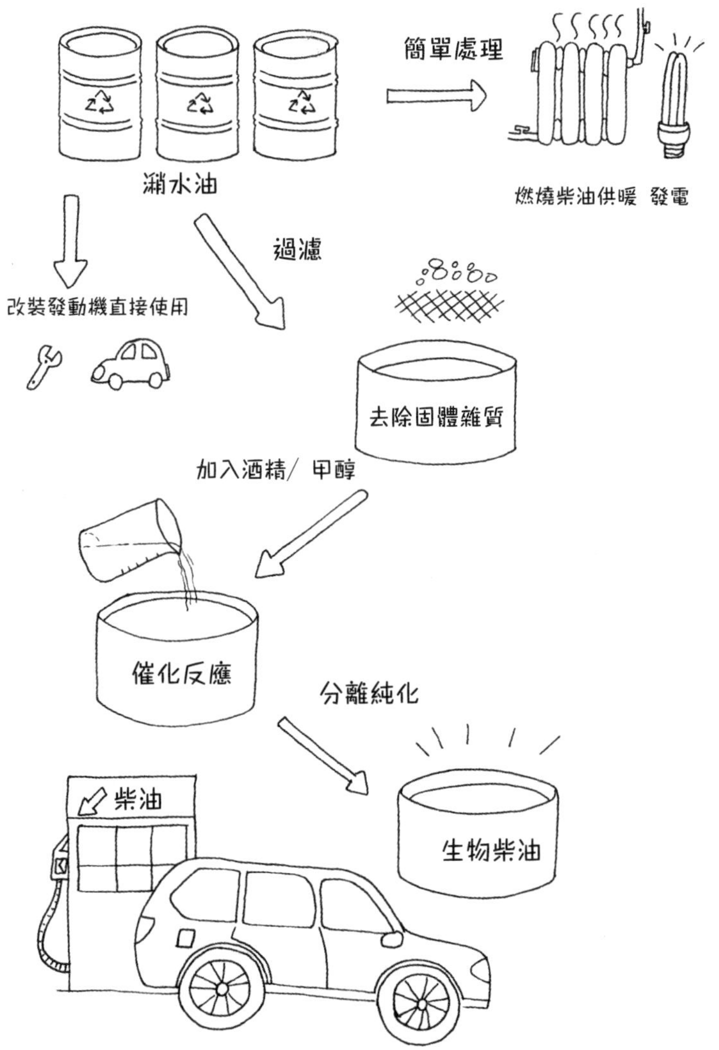

圖 6 潲水油的通常去向——生物燃料

國化學學會春季年會上，就有一個公司介紹了他們在美國能源部資助下開發的潲水油新用途——節能塗料。

在美國的多數地區，冬天要用暖氣，夏天要用空調，二者都相當耗費能源。如果房頂使用黑色的塗層，比如瀝青，那麼房屋的保溫性能將比較好，需要的暖氣就會少一些。但是，黑色房頂到了夏天就會從陽光中吸收更多的熱量，反而增加空調的負擔。如果使用白色的塗層，則相反：有利於夏天節省使用空調的費用，但是冬天又需要更多的暖氣。

用廢棄食用油做成的塗料卻可以二者兼得。當環境溫度高於某個值（轉折溫度）時，它會反射陽光的熱量；當環境溫度低於那個值時，它就會吸收陽光的熱量。這樣，房子內部冬暖夏涼，可以減少總的能量消耗。並且還可以通過改變塗料的配方改變這個「轉折溫度」。

這項技術的開發者聲稱，雖然廢棄食用油通常有異味，但製作出來的塗料是沒有氣味的。根據所加的添加劑，它還可以呈現不同的顏色。它可以用於各種材質的房頂，能夠保存多年，然後再次刷塗。他們估計，如果進一步的測試結果依然良好，這項技術就有望在 3 年後實現商業化。

不過，開發者也提醒大家，雖然這種塗料是以廢棄食用油為原料製作而成的，但是並不意味着大家可以直接把收集來的潲水油倒在房頂上，以試圖獲得相似的效果。這種塗料的生產過程中使用了一種關鍵助劑把油轉化成液體聚合物，這種聚合物乾燥之後變成了無毒且不可燃的塑料。如果直接把油倒在房頂，油不僅不會聚合，還有引發火災的風險。

將地溝油變廢為寶需要全社會的共同努力

地溝油是一個嚴重的社會問題，不管它是真是假，都大大影響了人們的生活。打擊、處罰是解決它的直接手段，但從人類可持續發展的角度看這遠遠不夠。它是垃圾，經過合理利用的垃圾能成為寶貴的資源。

合理地回收利用地溝油能夠減少對石油的需求。雖說它對於解決能源問題杯水車薪，但其絕對數量仍然相當可觀。更重要的是，回收地溝油避免了它流入自然環境，對環保而言是治本之道。

將地溝油變廢為寶必然需要全社會的共同努力。對餐館和食品加工企業而言，盡可能地收集好廢棄食用油，避免它進入地溝，可以大大降低後續的再利用成本。只要把這些收集起來的油提供給合法的機構再利用，就從根上杜絕了非法打撈地溝油的機會。這或許會增加一點兒餐館和食品加工企業的勞動量，但是相比地溝油的傳言影響人們對餐飲行業的信任，這些付出是完全值得的。對從事廢棄食用油回收利用的機構而言，盡可能地為餐館、食品加工企業乃至個人提供方便的收集裝置，並且主動上門收集，必然會大大提高人們的配合度。

總體而言，把潲水油轉化為生物燃料或者投入其他合理的用途，依然需要相當高的成本。這種產業是否有利可圖，將影響投資者的積極性。但是，除了直接的經濟效益，它畢竟還有很大的社會效益。如果直接的經濟效益不足以支撐這個行業，就需要由政府採用一定的措施來調節。即便是用稅收優惠甚至經濟補貼來刺激，也是值得的。畢竟，社會效益對於投資者不一定有吸引力，但對於政府是至關重要的。

吸煙、肺癌與基因的「三角緋聞」

人們通常認為患肺癌與生活方式有關，比如吸煙，但科學家們一直懷疑關係密切的肺癌與吸煙之間存在「第三者」。在1963年發表的一篇報道展示遺傳因素與肺癌關係「曖昧」之後，無數類似的消息被敬業的科學家們挖掘出來。吸煙、肺癌與基因這三者的關係一直糾纏不清。在人類基因組計劃完成之後，科學家們對這一課題做了更深入的探討。2008年4月的《自然》（*Nature*）和5月的《自然—遺傳學》（*Nature Genetics*）上，共有3篇「八卦」報道了這一「緋聞」的最新進展，但是對於三者關係的解讀截然相反，看來可能別有洞天。

人類基因組的確定只是發掘各種「緋聞」的第一步。無數好奇心強的人孜孜不倦地琢磨着從中整點兒新聞出來。「基因組範圍關聯研究」（Genome-Wide Association Study, GWAS）是一種強大的研究方式，從 2007 年以來，人們通過它發現了基因組中有上百個區域與某些疾病的發生有着不得不説的故事，如糖尿病、炎症性腸病、心臟病。

GWAS 最近成功地把傳聞中肺癌背後的基因挖掘出來。這個隱藏多年的傢伙是通過「人肉搜索」的方式被找到的。在人類的遺傳過程中會發生各種各樣的變化，被稱為「遺傳多樣性」。遺傳多樣性之所以發生，多數情況下（大約 90%）是因為基因中的一個核苷酸鹼基被別的鹼基取代了，這種取代被稱為「單核苷酸多態性」（Single Nucleotide Polymorphism, SNP），目前記錄在案的已有幾十萬個。SNP 經常是某些疾病高發的罪魁禍首，但從這幾十萬個 SNP 中找出目標實在不是一件容易的事情。不過現在的科技裝備先進，用基因芯片可以對這些 SNP 進行「人肉搜索」，正所謂「天網恢恢，疏而不漏」，躲在肺癌背後的基因終於無所遁形。

基本思路並不複雜，採用的是「病例—對照」方式。找大量（幾百上千例）肺癌患者，再找相應數量的健康人，用基因芯片檢測他們的基因組。這項檢測所用的基因芯片能夠檢測到那幾十萬個 SNP 的存在，最後找出在兩組中存在顯著差異的 SNP，它們可能就是罪魁禍首。有三個研究組分別進行了類似的研究，結果都指向第 15 條染色體上的一條長臂。這三項研究結果有兩項發表在了同一期的《自然》上，另一項發表在了《自然—遺傳學》上。

有趣的是，根據那段 DNA（脱氧核糖核酸）區域中的基因合成出來的蛋白質是乙酰膽鹼的受體。已經有其他研究表明乙酰膽鹼受體與吸煙行為密切相關。一份又一份流行病學的調查已經讓人們對吸煙與肺癌的密切關係深信不疑，因此任何與吸煙有關的東西都擺脱不了與肺癌的「緋聞」。於是，吸煙、肺癌、基因三者的關係更加撲朔迷離。是肺癌腳踩兩隻船，還是吸煙與基因唇齒相依？

三個研究組雖然挖到了相同的素材，輔助處理的結果卻給出了相反的結論。一組認為是基因調控吸煙的行為，而吸煙導致了肺癌。按照這個結論，即使具有了這種基因，只要堅持不吸煙，就可以降低患肺癌的概率。這個結論可能更受歡迎，至少基因芯片公司可以檢測出你是否攜帶這種基因。如果是，那麼你就堅決不要吸煙了；如果不是，那麼你吸不吸煙對肺癌的發生都沒有太大影響，算是天生多了一層保護。但是另外兩個研究組認為，基因與肺癌是直接相關的，跟吸不吸煙沒甚麼關係。

因此，對於吸煙是不是引發肺癌的原因，科學界還沒有定論。對大眾來說，即使吸煙不是引發肺癌的直接原因，它畢竟還與心臟病、阻塞性肺病等關係曖昧，還是敬而遠之的好。

人蚊大戰，基因技術登場

2016 年 3 月 11 日，FDA 發佈了一份進行轉基因蚊子釋放試驗的徵求意見稿。試驗目的是用轉基因蚊子消滅牠們在自然界中的同類，從而切斷寨卡病毒[2]的傳播。FDA 組織美國相關主管部門仔細審議了這項試驗可能帶來的環境影響後，得出它不太可能對包括人類在內的非目標物種（即它要對付的蚊子之外的其他生物）產生任何不利影響的結論。因此，FDA 發佈

---

2 寨卡病毒通過被感染的埃及伊蚊叮咬人傳播。據估計，80% 的人感染寨卡病毒後不會出現任何症狀，不知道自己已經中招。如果出現症狀，最常見的是發熱、皮疹、關節痛和結膜炎（紅眼睛）。麻煩的是，寨卡病毒迄今未有疫苗，如果孕婦感染了，會傳遞給胎兒。

了這一初步的 FONSI（Finding of No Significant Impact，意為「未發現顯著影響」）決定，並在 30 天內收集公眾意見，然後決定是否進行試驗。

在轉基因技術如此敏感的今天，FDA 為甚麼要批准這項試驗呢？讓我們從人類與蚊子的鬥爭說起。

人蚊大戰，人類已經疲憊不堪

蚊子是世界上無處不在的生物。許多蚊子攜帶病毒或者寄生蟲，當牠們叮咬人類時，病毒或者寄生蟲就會感染人體。比如，瘧疾就是蚊子傳播的典型疾病，每年因患瘧疾而死亡的人多達數十萬。

殺滅蚊子，切斷傳播途徑是阻擋這些疾病傳播的核心手段。在中國，政府曾經發起過「除四害」的群眾運動，其中一害就是蚊子。

但是，蚊子的變異能力更強。對於人類對付牠們的任何手段，牠們都能很快產生抗性。在人蚊大戰中，人類不得不使用高毒性的農藥，比如 DDT（滴滴涕，化學名為雙對氯苯基三氯乙烷）。DDT 為解決瘧疾做出了卓越的貢獻，但同時也帶來了嚴重的環境問題，使得許多國家不得不禁止使用它，DDT 甚至成了「曾經認為很好的科學發現，最後危害人類」的例子。但是，在瘧疾嚴重的地區，比如非洲，還沒有哪種滅蚊手段的效果可以和 DDT 的效果相媲美。於是，在「因瘧疾而死人」和「DDT 危害環境」的兩害相權之下，非洲不得不繼續使用高毒性的 DDT。

在世界其他地方，瘧疾已經得到很好的控制，但是蚊子傳播的其他疾病，如登革熱、寨卡病毒、黃熱病，依然讓世界各國的衛生部門頭痛不已。

埃及伊蚊促使開發轉基因蚊子

埃及伊蚊是蚊子的一種，也是傳播登革熱和寨卡病毒的罪魁禍首。2009-2010 年，美國一些地區暴發了登革熱。雖然人們很清楚只要控制住埃及伊蚊就能切斷這一疾病的傳播，但實際做起來還是力不從心。在花費了數百萬美元之後，還是未能有效控制住蚊子。美國的衛生部門官員不得不考慮其他方案，一家公司研發的轉基因蚊子就被選中了。

這一轉基因操作的目標並不是直接清除登革熱病毒，而是殺死埃及伊蚊。只要消滅了蚊子，牠們所傳播的任何病毒就都會消失得無影無蹤。選擇這一方案的初始目標是消除登革熱，後來寨卡病毒也被同時消除了。

轉基因技術如何消滅埃及伊蚊

轉基因埃及伊蚊體內會產生一種毒素，在實驗室裏，這種毒素為四環素所抑制，對蚊子沒有影響。一旦把這些蚊子放入自然界，脱離了四環素的抑制，毒素就被激活了。

不過，這些毒素不會立即殺死蚊子。被釋放的雄蚊子到自然界中與雌蚊子交配，其後代體內會帶有這種毒素。在蚊子幼蟲發育的早期，毒素產生活性，從而殺死牠們。也就是説，這種技術通過讓交配的蚊子失去繁殖能力達到滅蚊的目的。

這種蚊子已經在巴西、巴拿馬和加勒比海的開曼群島進行過試驗，效果達到了預期，開發者申請在美國進行釋放試驗。恰逢美國佛羅里達州爆發了埃及伊蚊傳播的寨卡病毒，FDA也就打算批准在那裏進行一次試驗。

毫不意外，在公眾對轉基因技術充滿顧慮的今天，此舉必然面臨許多爭議。比如，對基因改造產生的這些毒素，蚊子也可能進化出抗性或者解毒機制，從而讓這種手段失效。到那時，蚊子的繁殖又回到目前的狀態。再如，當地已有居民反對，用大眾媒體常用的說法是「不做小白鼠」。徵求意見期滿之後，FDA 最終能否批准進行這項試驗，也未可知。如今幾年過去了，沒看到事情的進展，不知這項試驗是否取得了成功。

基因驅動技術，強大得讓人擔心

其實，釋放經改造的蚊子去對付蚊子，在半個世紀前就開始了。那時候，釋放的是絕育的雄蚊子，讓牠們去跟自然界的雄蚊子競爭。跟絕育蚊子交配的雌蚊子無法生產後代。顯而易見，這一方案的核心在於有多少絕育蚊子進入大自然。牠們的數量不會增加，對蚊子數量能產生多大的影響，取決於牠們與野生蚊子的力量對比。

實際上，我們的目標並不是消滅蚊子，而是消滅蚊子所攜帶的病毒或者寄生蟲。自然界中並不是所有蚊子都攜帶病毒和寄生蟲，有些蚊子體內應該帶有某種對抗病毒和寄生蟲的抗體。如果把這種抗體基因轉移到那些傳播病毒的蚊子體內，這些轉基因蚊子就不會再「助紂為虐」，而能夠與人類和平共處了，人類也就不用再處心積慮地消滅牠們。

不過，按照孟德爾遺傳定律，一隻能產生抗體的蚊子，到了自然界跟野生同類交配之後，第二代中攜帶這種抗體基因的只有 1/2，到第三代則只有 1/4。也就是說，即使將這樣的蚊子放入自然界，牠們的抗體基因也會逐漸被「稀釋」。幾代之後，也就很少還有蚊子具備這種抗體。

基因驅動則是要打破孟德爾遺傳定律，它的目標是使所需要的目標基因在繁殖中得到優勢傳播，只要與帶有目標基因（比如經過基因改造能產生抗體）的蚊子交配，後代都帶有這一基因。這一設想出現於 20 世紀 40 年代，不過一直只是設想而已。2003 年，英國倫敦帝國理工學院的教授奧斯汀．伯特提出依靠 DNA 剪切技術的基因驅動操作去改變物種，從而控制疾病的傳播。不過，對於如何剪切、如何改變，還沒有實際方案，以至到 2014 年，科學家們在討論基因驅動技術潛在的風險時，還把它當作一個「假想的問題」。

沒想到，討論之聲猶在，2015 年美國有兩個研究組成功地創造出了基因驅動的物種，分別是蚊子和果蠅。技術的突破在於，哈佛大學和麻省理工學院共同發明了新的基因組編輯技術 CRISPR/Cas9。對於採用有性繁殖方式繁衍後代的物種，這一技術可以改變牠們的任何基因，然後讓牠們在野生群體中傳播下去。

在孟德爾遺傳定律下，以蚊子為例，能產生抗體的改造蚊子與不能產生抗體的野生蚊子交配，產生的子代是雜合子——也就是等位基因中一個能產生抗體，另一個不能。而經過基因驅動的改造，那個不能產生抗體的等位基因會被自動切掉，然後按照另一條DNA上的基因進行修復。於是，得到的子代蚊子就成了能產生抗體的純合子。同樣地，牠再與其他蚊子交配，不管對方能不能產生抗體，其子代都是能產生抗體的純合子。

這就意味着，只要釋放一些具有基因驅動、體內帶有特定抗體基因的蚊子，經過若干代之後，這種蚊子就基本上都是體內帶有抗體基因的「新物種」了，也就不再是傳播疾病的罪魁禍首。

基因驅動技術的應用遠不止於此。除了用於改造蚊子，消除瘧疾、登革熱、黃熱病等蚊蟲傳播的疾病，它還可以用於根除入侵物種。由於外來物種的入侵破壞了當地的生態環境，美國每年遭受的損失高達420億美元，而且許多原生物種因入侵物種的生長能力太過旺盛而走向滅絕。

此外，農藥和除草劑的使用會讓目標物種產生抗性。一旦抗性產生，相應地，農藥和除草劑就失去功效。如果對沒有產生抗性的相應物種進行基因驅動改造，再把它們釋放到自然界中，也就可能消除這些物種的抗性。

基因驅動的研究剛剛開始。這一武器的威力巨大，放一批出去，假以時日會把這個物種全部改變。這種威力，在科學界內部也引起了巨大的擔憂：它是否會產生出乎意料的不良後果？人類能否控制它？科學家們也在思考、爭論。

無因咖啡中的咖啡因是怎麼去除的

咖啡是世界三大飲料之一，深受許多人的喜愛。咖啡中最有特色的成份是咖啡因，但並不是每個人都喜歡。從味道上說，它是咖啡苦味的主要來源；從功能上說，它是神經興奮劑，能讓人處於興奮狀態，影響睡眠。除了咖啡因，咖啡中含有上千種成份，它們不僅可以形成特有的風味，還具有健康價值。因此，去除咖啡中的咖啡因也就有了市場需求。

咖啡因易溶解於熱水，要把它從咖啡豆中提取出來並不困難。難的是如何只去除咖啡因，而盡可能地保留咖啡的其他成份。如果用水，提取咖啡因的同時也損失了其他風味物質。要想盡可能地保留咖啡的風味，就要用其他手段選擇性地提取咖啡因，再把其他提取出來的物質加回去。

這樣的操作實現起來並不容易。另一種思路是選用特定的有機溶劑，比如二氯甲烷，可以只帶走咖啡因，而把其他物質留下。但是有機溶劑總有殘留，不管其毒性是不是足夠低，「有機溶劑殘留」總是讓消費者心存芥蒂。

早在 1822 年，一位法國學者發現物質中存在超臨界現象。1879 年，有科學家發現超臨界流體卓越的溶解性能，預測它可以作為優秀的溶劑用於工業生產。不過，直到 1962 年，超臨界萃取的概念才終於發展成技術，成功應用於「咖啡脫因」。

我們知道，各種物質都有氣態、液態、固態三種狀態。在適當的溫度和壓力下，這三種狀態可以互相轉化。比如水，在通常的氣壓下，溫度在 100℃以上時呈氣態，低於這個沸點溫度時變成液態，低於 0℃後變成固態。如果增大壓力，轉變溫度就會發生改變，比如在高壓下，水可以在 100℃以上保持液態；溫度高於 100℃時，增加壓力也可以使水蒸氣液化為水。如果溫度超過 374℃，那麼無論把壓力增加到多大，水蒸氣都無法變成水。但是如果壓力足夠大的話，它的密度會遠大於氣體而接近水的密度。這樣的狀態跟氣態、液態、固態都不同，被稱為物質的第四種狀態——超臨界狀態。374℃也就是「水的超臨界溫度」，處於超臨界狀態的物質就被稱為「超臨界流體」。

對水而言，要達到超臨界狀態需要極高的溫度和極大的壓力，在實際生產中並不方便。而二氧化碳的超臨界溫度只有31.1℃，只要高於這個溫度，把壓力增加到72.8個標準大氣壓以上，二氧化碳就成為超臨界流體。

超臨界流體的特性跟氣體和液體有很大不同，它的密度與液體接近，但黏度很低，擴散性能好，表面張力極小。這些特性使它具有優越的萃取能力（即一種液體從其他液體或者固體中吸取特定成份的能力）。把超臨界二氧化碳用於充份吸水的咖啡豆，可以去除其中98%的咖啡因。

超臨界二氧化碳萃取的優勢並不僅僅體現在效率高，更重要的是它具有很強的選擇性，任咖啡豆中有上千種成份，它只愛咖啡因這一種。二氧化碳無毒無味，只要撤去高壓，幾乎就可以完全揮發掉。萃取了咖啡因的超臨界二氧化碳進入分離塔，加入水就可以去除咖啡因。咖啡因本身是另一種產品，而二氧化碳則可以循環使用，這樣的工藝堪稱綠色環保。

咖啡脱因是超臨界二氧化碳萃取技術的第一個成功應用。此後，這一技術得到了更廣泛的開發，應用之處越來越多。比如採用類似的工藝可以去除茶中的咖啡因，而改換工藝流程還可以提取茶中的茶多酚。在啤酒行業，用超臨界二氧化碳提取啤酒花中的有效成份也得到了廣泛應用。

從天然產物中分離生物活性物質在食品、醫學、香精等行業有廣闊的前景，比如油脂、天然藥物成份、精油等。和咖啡脱因一樣，傳統的分離手段要麼使用有機溶劑，不得不面對有機溶劑殘留的質疑，要麼使用高溫水溶，再經過一系列分離、純化流程。除了工藝煩瑣，高溫也會造成許多生物活性的損失。超臨界二氧化碳萃取不僅萃取效率高，不存在溶劑殘留問題，而且可以在較低的溫度下操作，從而避免了高溫對目標物質的破壞。

從英雄到眾矢之的，抗生素到底能不能用

2016年，兩則關於抗生素的新聞引起了軒然大波。一則是麥當勞宣佈將「停用使用了抗生素的雞肉，中國不在其中」，另一則是《美國科學院院報》（*Proceedings of the National Academy of Sciences*, PNAS）的一篇論文指出「豬肉中的抗生素含量是牛肉的5倍」。仔細探究事情的原委，這兩則新聞都是對事實的誤讀。前一則，其實是麥當勞在美國市場停用使用了「人用抗生素」的雞肉，美國之外的市場都不在其中，而不是特意忽略中國市場。後一則，那篇論文探討的實際上是世界

養殖業中抗生素使用量的現狀與預測，文中數據是生產相等重量的肉，養豬使用的抗生素約為養牛的3.8倍。這個數據跟肉中含有多少抗生素毫無關係，更不是說豬肉比牛肉「更不安全」。

不過抗生素的過度使用的確是不容忽視的問題。許多人也在擔心：肉中的抗生素有多大危害？「安全標準」又是甚麼呢？

抗生素的英文是antibiotics，指能夠殺滅細菌的藥物。還有一個單詞叫作antimicrobial，它除了包括抗生素，還包括殺滅病毒、真菌和寄生蟲的藥物，但是在中文中，這個單詞被翻譯成了「抗菌素」（望文生義的話倒是更符合antibiotics的含義），如果要準確表義，大概應該翻譯成「抗微生物藥」。在日常生活中，人們常常把病毒、真菌甚至寄生蟲混為一談。因此，雖然在英文或者學術討論中「抗生素」與「抗菌素」有明確的區分，但在日常生活中區分模糊。

此處，我們雖然用「抗生素」這個大家熟悉、慣用的說法，但其作用方式與影響人類健康的方式對於抗病毒、真菌和寄生蟲的藥物是一樣的。

抗生素的功效是殺死細菌，雖然不同的抗生素對不同細菌的攻擊力不盡相同，但總體而言還是不加選擇、對誰都有殺傷力的。在宿主（即細菌寄生的人和動物）體內，會有各種各樣的細菌，大多數細菌與宿主相安無事。有些細菌為宿主的健康做出一定的貢獻，被稱為「益生菌」。還有些細菌則會生成危害宿主健康的物質，導致宿主生病甚至死亡，被稱為「致病細菌」。

在漫長的歷史長河中，人類對致病細菌一直束手無策，直到 1928 年青霉素被發現，人類才能對細菌感染進行有效打擊。青霉素也就成了第一種商業化的抗生素，曾經在「二戰」中挽救了無數人的生命。其發現者亞歷山大·弗萊明因此獲得了 1945 年的諾貝爾生理學或醫學獎，在頒獎典禮上，他警告世界「要警惕青霉素抗性菌的出現」。

這個警告不是杞人憂天，也不是聳人聽聞。細菌的世界很複雜，其增殖速度很快，演化變異的速度也很快。對於一種抗生素，細菌種群中的大多數都沒有抵抗力，一旦遇上就只能「慘遭滅門」。然而，如果有些天賦異稟的個體具有「抗性基因」，就能在這種抗生素的掃蕩中倖存下來，再利用細菌本身快速增殖的能力，重新開枝散葉形成新的菌群。新菌群中的個體都帶有這種「抗性基因」，這種抗生素也就對它們無能為力。這種新的細菌就被稱為這種抗生素的「抗性細菌」。當它們作惡的時候，人類想要再用這種抗生素去對付它們，就會力不從心了。

更麻煩的事情在於，這些抗性細菌並不願意「固守家園」，而是具有強烈的開拓精神，會尋求一切機會把它們的基因擴展到任何地方。如果一個人的體內產生了抗性細菌，那麼通過噴嚏、握手等接觸，這些抗性細菌也能進入空氣中或者依附在物體表面，再進入其他人體內。如果牲畜體內產生了抗性細菌，那麼這些抗性細菌可能通過肉、蛋、奶進入人體，也可能通過糞便進入環境，再通過其他食物進入人體。而且，細菌之間還可能發生基因漂移，它們的抗性基因也可能進入其他細菌中，把其他細菌也變成抗性細菌。

簡而言之，抗性細菌的產生，受害的不僅僅是產生抗性的那個人或那隻動物，而是全個人類！

美國疾病控制與預防中心估計，每年因抗生素抗性而得病的美國人至少有 200 萬人，其中死亡人數不少於 2.3 萬。此外，人體消化道內還有一種叫作「艱難梭菌」的細菌，通常情況下它會受到其他細菌的壓制。如果其他細菌被抗生素大面積殺滅，它們就會興盛起來，分泌毒素導致腹瀉甚至其他更嚴重的後果。美國疾病控制與預防中心公佈的數字是：美國每年因其得病的人數在 25 萬以上，其中死亡人數可達 1.4 萬。

抗生素抗性的後果很嚴重，但這並不是說人類就不應該使用抗生素。「二戰」中如果沒有青霉素，就會有更多的人死亡，後來會不會出現青霉素抗性對他們都沒有意義。對許多傳染性疾病來說，抗生素依然是最有力的應對武器。

因此，用不用抗生素根本不是問題，關鍵的問題是如何合理使用抗生素。

美國疾病控制與預防中心認為，美國人使用的抗生素中多達一半是沒有必要和不恰當的，養殖中大量使用的抗生素也是如此。在中國，許多業內人士的看法是，醫療和養殖業中的「抗生素濫用」情況更加嚴重。抗生素的使用是不可避免的，抗生素抗性的出現也是不可避免的，但如果我們可以避免使用這些「沒有必要」「不恰當」「濫用」的抗生素，就可以大大減緩抗性細菌的出現。解決抗性細菌最終還是要依靠新的抗生素，而減緩抗性細菌的出現一方面可以使現有的抗生素具有更強的生命力，另一方面也為科學家們找到新的抗生素贏得時間。

對個人來說，我們也可以通過減少使用抗生素做出自己的努力，從而減緩抗性細菌的出現。盡量避免自己被感染，盡量避免感染他人，也就減少了對抗生素的需求。就個人可以努力的方面，美國疾病控制與預防中心給予了四項建議：預防接種、注意飲食衛生、經常洗手，以及只在必要的情況下按照醫囑使用抗生素。當然，最後一條很容易讓人陷入「濫用抗生素」和「抗生素恐慌」兩個極端。有無「必要」只能由醫生來判斷，而「醫囑」是否合理除了要看醫生的專業素養，還跟醫患關係密切相關，如果病人急切要求「立竿見影」地解決問題，很多時候醫生也就選擇「濫用抗生素」了。

多吃米飯能讓全球變暖嗎

水稻、轉基因與全球變暖都是大家關注的熱點問題。大家都能想到水稻和轉基因之間有密切的關係，那它們和全球變暖又有甚麼關係呢？

2015 年 7 月，中國和瑞典科學家在《自然》雜誌上合作發表了一篇論文，記載了他們通過轉基因水稻開發出「減排增產」新型水稻的研究成果。

水稻、轉基因與全球變暖之間的紐帶，叫作甲烷。

溫室氣體與全球變暖

我們居住的地球表面縈繞着一層大氣。地球上的能量歸根結底都來自太陽。太陽光穿越太空來到地球，在穿過大氣層時一部份熱量被吸收，穿透了大氣層的熱量把地球表面加熱或者被植物吸收。到了晚上，地球吸收的熱量又以紅外線的方式散發出來。紅外線的穿透能力不強，被大氣層吸收而留下。環繞地球的大氣層就像溫室的玻璃罩子，為地球留住了熱量，使得地球上的晝夜溫差可以為人類所承受。據估計，如果沒有這大氣層，地球表面的夜間平均溫度會低至零下十幾攝氏度。

大氣層的這種作用被稱為「溫室效應」，它能為地球保留多少熱量跟大氣層中的氣體種類和量有關。在歷史上，大氣的組成和量沒有明顯的變化，地球表面的溫度也就沒有明顯的變化。

但是，隨着地球上人口的增多，人類的工農業活動越來越多，排到大氣中的氣體也越來越多。也就是說，人類的活動改變着大氣的組成，使得它吸收的熱量越來越多，地球表面的溫度也就越來越高。

這就是備受關注的「全球變暖」，這些吸收熱量的氣體就是「溫室氣體」。

甲烷與溫室氣體

溫室氣體中最大的組成部份是水蒸氣，水蒸氣和地球表面的水很容易轉化與循環，它在大氣中的含量相當穩定，也就是說，它雖然對溫室效應貢獻大，但是一直很穩定，並沒有對「全球變暖」產生影響。因此，一般情況下說到溫室氣體，都不把水蒸氣包括進來。

水蒸氣之外，最重要的溫室氣體是二氧化碳。隨着人類工業的發展，排放的二氧化碳越來越多，超出了地球上的植物所能吸收的量。於是，大氣中的二氧化碳含量逐漸增多，地球表面的溫度也就逐漸升高。世界各國討論的「減排」主要就是針對二氧化碳的排放。因為二氧化碳的排放跟工業生產和與之相對應的生活方式有關，所以二氧化碳成了眾矢之的。

除了二氧化碳，對全球變暖影響最大的溫室氣體是甲烷。跟二氧化碳相比，甲烷的量要小得多：二氧化碳佔所有溫室氣體排放量的 80% 以上，而甲烷佔比不到 10%。但是，跟等量的二氧化碳相比，甲烷吸收熱量的能力要強得多。如果以 100

年為時間段進行比較（即比較甲烷和二氧化碳釋放到大氣中100 年後二者的情況），等量的甲烷吸收的熱量是二氧化碳的21 倍。與二氧化碳相比，甲烷在大氣中的壽命短得多，大約是 12 年，甲烷在短期內吸收的熱量就比二氧化碳多很多。如果比較二者釋放到大氣中 20 年後的情況，那麼等量的甲烷吸收的熱量是二氧化碳的幾十倍（聯合國氣候變化框架公約估算的結果是 56 倍，世界觀察研究所估算的結果是 72 倍）。

也就是說，甲烷雖少，但對全球變暖的影響很大！

水稻與甲烷

排放到大氣中的甲烷的一大來源是現代工業中使用的石油和天然氣等，另一大來源是農牧業和垃圾處理——禽畜的呼吸和排洩都會產生甲烷，而掩埋的垃圾也會逐漸釋放甲烷。

在農牧業中，水稻是甲烷排放的大戶。水稻是世界主要的糧食作物之一，種植面積巨大。水稻吸收利用日光進行光合作用，把二氧化碳轉化為蔗糖，傳遞到水稻的種子、莖葉和根部。水稻扎根於被水淹沒的土壤中，水淹隔絕了空氣，水稻根部的營養成份會滲出來，使得稻田成了厭氧細菌的樂園，其中有很多細菌的新陳代謝會產生大量的甲烷，最後排放到大氣中。

隨着人口的增多，糧食的需求量越來越大。一方面需要擴大種植面積，另一方面需要提高單位面積的產量。水稻種植技術的進步，「高產」是核心的方向，但高產往往伴隨着密植和提高光合作用效率——產生的糖越多也就可能有越多的糖傳遞到根部。

人類對大米的需求增加，也就意味着因種植水稻而排放的甲烷增多。

轉基因造就「高產低排」的新品種

人口劇增使得糧食問題成為全世界共同面臨的挑戰。在這一挑戰面前，不大可能犧牲水稻的產量去解決甲烷排放的問題，那麼有沒有既保持高產又減少甲烷排放的辦法呢？

科學家們在傳統的育種和種植手段上做出各種努力，沒有看到希望。作為新興農業技術的轉基因能成功嗎？

根據水稻產生甲烷的機理，科學家們考慮到既然甲烷的產生和運送到根部的蔗糖密切相關，那麼改變蔗糖在水稻中的分配方式，減少傳遞到根部的蔗糖量，是不是就可以減少甲烷的產生了呢？

孫傳信在瑞典農業大學執教時發現大麥中存在一個 SUSIBA2 基因，它編碼的蛋白質能夠調控植物體內糖的代謝。如果在植物的某個組織中這個基因的表達水平比較高，就可以接收更多的蔗糖，從而轉化出更多的澱粉。孫傳信的研究組和福建省農業科學院的王鋒研究組合作，把這個基因轉到了水稻中，得到了兩個成功的株系。在這兩個轉基因株系中，SUSIBA2 基因在莖和種子中得到了高效的表達。2012 年和 2013 年，這兩個轉基因株系與其相應的非轉基因品種在福州進行了溫室試驗。結果顯示，其中一個株系在揚粉之前，甲烷排放量只有非轉基因品種的 10%，而揚粉 28 天後（種子形成期），其甲烷排放量只有非轉基因品種的 0.3%。為了驗證這兩個轉基因品種對不同氣候的適應性，2014 年在廣州、福州和南寧進行了田間試驗，依然表現出顯著的減排效果。

進一步的分析顯示，每粒轉基因植株的種子干重平均約為 24 克，而相應的非轉基因品種的種子平均重量在 16 克左右。轉基因株系的種子中澱粉含量佔比達到了 86.9%，而相應的非轉基因品種中澱粉含量佔比是 76.7%。對於糧食作物，這樣的增加幅度是相當顯著的。轉基因植株的根系干重平均不到 80

克，而相應的非轉基因植株的根系干重則超過了 110 克。這也說明，產量的提高是轉入 SUSIBA2 基因的功勞，即把許多本來要傳遞到根部的糖「調控」到了種子中，提高了種子的產量，抑制了根系的重量；根系滲出的營養成份減少了，那些依靠根系滲出的營養物繁衍生息的細菌也就消停了許多。

汽車也需要添加劑了嗎

有汽車的人都知道，汽車最基本的保養是每隔幾個月要換一次機油。機油是指發動機潤滑油，它對發動機起到潤滑、清潔、冷卻、密封、減磨、防鏽等作用。如果沒有機油，發動機的磨損將大大加快，甚至難以正常運轉。因此，機油被譽為「汽車的血液」。

機油的基礎成份是礦物油或者合成的油。發動機內的工作環境非常「惡劣」：首先，發動機內部有許多互相摩擦的金屬表面，高速運動造成很大的磨損；其次，發動機內溫度變化幅度很大，剛開始是常溫，發動之後可達 400-600 ℃。要讓潤滑油在如此惡劣的環境中高效工作，再優質的油只靠自己也力不從心。

潤滑油添加劑是指加入基礎油中、能顯著改善基礎油的原有性能或賦予基礎油某些新品質的化學物質。潤滑油添加劑的品種很多，所起的作用也各不相同，按照其作用可分為清潔劑、分散劑、抗氧化劑、極壓抗磨劑、油性劑、摩擦改進劑、黏度指數改進劑等。比如，發動機工作時，吸入空氣的同時也會吸入一些灰塵，這些灰塵與未完全燃燒產生的物質一起沉積在氣門、缸壁上。此外，潤滑油在發動機中會不斷發生氧化反應，氧化產物也會形成沉積。這些沉積物是油泥，它們不僅影響混合氣的燃燒，還會造成發動機內部局部過熱，甚至致使活塞環黏結卡滯，導致發動機不能正常運轉。抗氧化劑的加入可以減少氧化，從而減少油泥的產生；分散劑可以控制油泥的生成，中和燃燒產生的酸；清潔劑則可以中和酸、增加油泥的溶解性，把油泥分散到油中帶走。

機油的作用方式是分散成一層油膜，覆蓋在部件表面。油形成膜的能力與黏度密切相關，黏度低易於形成稀薄的油膜，但太低又無法保持油膜的完整。油的黏度與溫度密切相關，溫度越高，黏度越低。當發動機啟動時，需要潤滑油黏度較低，從而形成稀薄的油膜迅速到達各個部件，而到了高溫時又不能讓黏度降低太多以免破壞油膜完整性。黏度指數改進劑是一些高分子化合物，它們的加入能夠降低黏度對溫度的敏感性，使油的黏度在更大的溫度範圍內都可以形成完整稀薄的油膜。

潤滑油添加劑是油品添加劑的一大類。除了用於汽車潤滑油，油品添加劑還可以應用於可生物降解的油品、動力傳動液、液壓油、脫蠟與脫油、生物柴油等。除了前面所說的這些添加劑種類，降凝劑是另一個重要的類別。

各種礦物油中或多或少都含有一點兒蠟質。當溫度下降時，一些蠟質組分會從油中結晶析出，形成小晶體。隨着蠟質結晶越來越多，晶體會成長成片狀。溫度下降到一定程度，這些片狀晶體會結合成三維網絡，油就失去了流動性。20 世紀 30 年代前，人們對這種現象無可奈何。當時的一種解決方案是在車輛的油箱下方加熱。顯而易見，這種方法非常麻煩。如果能通過添加一些物質降低油品停止流動的溫度，那就方便多了。此類添加劑就被稱為「降凝劑」。

但當時沒有甚麼好的降凝劑。直到 1931 年，才有一種降凝劑被合成出來，其分子中含有線性石蠟基結構。這一進展讓科學家看到了希望，更多人投身降凝劑的研究。1937 年，聚甲基丙烯酸酯成為第一個獲得專利的聚合物降凝劑。此後，多種多樣的合成降凝劑面世，比如小分子的氯化石蠟，中或高分子量的聚合物，如聚丙烯酸酯、丙烯酸酯—苯乙烯共聚物、苯乙烯—馬來酸酐共聚物、富馬酸—醋酸乙烯酯共聚物。

其實，降凝劑不會改變蠟從液體中結晶析出的溫度，也不會減少蠟的結晶。它的作用在於與蠟質發生共結晶，從而改變蠟的結晶模式。由於蠟的晶體被降凝劑分子阻隔，蠟的晶體無法再形成三維結構，也就不會影響流動了。

儘管聚甲基丙烯酸酯是第一種聚合物降凝劑，發明至今已有 80 多年，但它仍是最優秀的降凝劑產品，在全球市場佔據領先地位。

新材料讓新型支架完成任務後自然消失

心血管疾病是人類健康的大敵。據世界衛生組織估計，2012 年約有 1,750 萬人死於心血管疾病，佔全球死亡人數的 31%。這些死者中，約 740 萬人死於冠心病，670 萬左右的人死於中風。

血液在人體內流動，擔負着運送營養成份、氧氣和代謝廢物的重任。和任何液體在管道中的流動一樣，血液需要克服血管內在的阻力——在人體內這些阻力由心臟搏動產生的能量克服。如果血管硬化、阻塞，流動的阻力就會變大。如果阻塞發生在為心臟提供血液的冠狀動脈中，就可能導致心臟無法正常運轉，從而阻礙全身的血液流動，嚴重時引發心肌梗死。

20 世紀 80 年代，現代醫學發明了心臟支架手術。簡單來説，就是通過手術在冠狀動脈中硬化、狹窄的位置放入一個支架，把縮小的血液通道撐開，使血液能夠順利通過。

這個設想和手術操作都不算困難，最大的挑戰是用甚麼材料製作支架。顯然，這種材料至少需要有足夠的強度，且無毒無害。經過大量探索，用金屬製成的支架終於植入了病人的血管，成功地「撐開」了動脈，解決了動脈阻塞的問題。

但金屬支架畢竟是「外物」，不受人體免疫系統的歡迎。對人體來說，金屬與血管壁接觸的地方是「創傷」，有了創傷就要做出反應，表現出來就是發炎。這種發炎可能導致疤痕組織生長，嚴重時甚至導致血管重新變窄。為了防止發炎，就需要服藥。

第二代心臟支架在金屬外面塗了一層含有藥物的膜。植入血管後，這層膜上的藥物緩慢釋放，可以防止發炎，抑制疤痕組織生長，從而保持血管暢通。這是一個很大的進步，但依然存在其他問題，比如膜中的藥物總是會耗盡。

實際上，被撐開的血管並不需要支架的長期存在。當血管被支架擴張，血液通暢流過，血管壁上的組織也會生長修復。也就是說，心臟支架植入一段時間後，就完成了它的使命，繼續留在血管中不僅無益，反而成為累贅和負擔。

但是，要想把它取出，就需要再動手術，這顯然不是最佳方案。理想的支架就是撐開血管，待血管完成修復塑形，這個支架就自動消失。這就是第三代心臟支架。

這並非異想天開，它的核心是使用可降解材料製作支架。所謂可降解材料，就是在特定環境中可以自動分解成小分子的材料。用作心臟支架的可降解材料，首先，需要具有一定的機械強度，能夠製成足以撐開動脈的支架；其次，需要無毒無害，不引起身體免疫系統的攻擊；再次，降解速度符合治療需要，在動脈中保持支架形態到血管重塑完成，然後逐漸降解成小分子，被身體吸收或者排出體外；最後，降解得到的小分子也要對人體無毒無害。

這一美好的概念自然吸引了無數科學家和醫療器械公司，他們投入了大規模的人力、物力進行研發。目前，用於醫療器械的可降解材料主要有兩類：一類是合成聚合物，另一類是鎂合金。前者有聚乳酸、聚乙醇酸、聚己內酯等，後者則是以鎂為基礎，含有鋅、鋰、鋁、鈣及稀土等元素的合金。用這些材料製成的心臟支架，可以在幾個月內支撐動脈處於擴張狀態，實現血管的修復。此後，支架逐漸失去機械強度，在兩三年後完全解體排出體外。

目前，可降解心臟支架已經在一些小規模的臨床試驗中取得了成功。還不能說它就很完美，尤其是和第一代、第二代心臟支架相比，其長期效應還有待更大規模的臨床試驗來驗證。但無論如何，這都是一個很有吸引力的方向。性能更好的可降解材料、設計更精巧的心臟支架將會給病人們帶來更好的療效，並減少使用中的不便。

可降解材料的用途遠不止於心臟支架。對任何需要植入人體內但不需要長期保留的醫療器械，它們都有巨大的優勢。比如手術縫合，使用可降解材料，手術後就不需要拆線。再如骨傷修復，使用可降解材料進行早期的力學支撐，等到損傷的骨組織修復重建完成後，就不需要二次手術取出，等待它們自己降解消失就可以了。

有機養殖中能不能用合成添加劑？蛋氨酸說不

人類對肉、蛋、奶的需求量越來越大。一方面的原因是人口的增長，另一方面的原因是經濟的發展——生活水平的提高使得每個人的需求也大大增加。因此，肉、蛋、奶的需求增長遠遠超越了人口的「爆炸」。

對工程師來說，生產肉、蛋、奶的農場和工廠並沒有本質區別。農場就是工廠，動物就是機器，飼料就是生產原料，而肉、蛋、奶就是產品。生產技術的核心是如何高效地把原料轉化為產品，「轉化率」自然就是一個核心指標。轉化率越高，排到環境中的糞便與氣體越少，對環境的影響也就越小。除了物質的轉化率，還有經濟方面的轉化率。如果投入的飼料成本比肉、蛋、奶的價格還高，那麼再高的物質轉化率也沒有意義。保證飼料的低成本是養殖技術的另一個關鍵。

動物的生長就是飼料轉化為產品的過程。最理想的轉化過程自然是動物需要甚麼，飼料裏就提供甚麼——吃進去的東西都轉化成肉、蛋或者奶。

這個理想的轉化過程在現實中當然無法實現，養殖技術的發展就是不斷地朝着這個方向努力。尤其是現在的養雞技術，從雞飼料到雞肉、雞蛋的轉化已經到了令人驚嘆的程度。人們對不同種類的雞在不同的生長期對各種營養成份的需求都已經掌握相當精確的數據。優質的雞種，餵以按需設計的飼料，可以輕鬆做到6週出籠。即使是傳統品種的雞，按照「有機方式」餵養，只要給牠們提供的飼料滿足營養需求，也會比「亂吃」的雞生長得更快、更壯。

但飼料不是嬰兒配方奶粉，人們不可能不計成本地使用最好的原料去做配方。現實中能夠用作飼料的原料，如玉米、豆粕，都無法單獨滿足動物的生長需求。在適當的搭配下，碳水化合物、脂肪、蛋白質這三大營養成份的總量，以及維生素、礦物質等微量營養成份，都不難達到，但要得到高轉化率的飼料還需要恰當的氨基酸組成。不管是肉、蛋還是奶，我們追求的核心成份都是蛋白質。飼養動物，關鍵的轉化是把飼料中的蛋白質轉化成肉、蛋、奶中的蛋白質。蛋白質由 20 種氨基酸組成，動物吃下飼料，把其中的蛋白質消化成氨基酸，運送到細胞中，再重新合成蛋白質，最後以肉、蛋、奶的形式生產出產品。這個過程中，氨基酸就像積木的一個個組件。除了組裝成蛋白質，還有一些氨基酸會發揮生理功能。缺乏了這些氨基酸，不僅蛋白質的合成受阻，動物的生長也會受到抑制。這也就是排除雞種因素，傳統放養的雞生長緩慢的原因。

對於雞在不同的生長期需要甚麼樣的氨基酸組成，人們已經相當清楚。飼料設計的一個核心目標就是盡可能地讓飼料中的氨基酸組成接近雞的生長需求。但是，常見植物蛋白的氨基酸組成都與動物的生長需求相差甚遠，有的多了，有的少了。氨基酸進入動物體內之後，跟需求相比，比例最低的那種氨基酸就成了瓶頸，其他種類的氨基酸只好成為「富餘」，無法合成蛋白質，最後變成含氮廢物排出。這一方面增加了動物的代謝負擔，另一方面增加了廢物處理的環境負擔。

不同的蛋白質由不同的氨基酸組成，一種蛋白質中比較缺乏的氨基酸可能在另一種蛋白質中比較豐富。通過適當搭配不同的蛋白質，有可能讓總體的氨基酸組成更接近需求。在實際生產中，玉米和豆粕的搭配是目前最常見的。首先，二者的成本都不算高；其次，玉米和豆粕的氨基酸能實現一定的互補，總體組成更加接近雞的需求。

在各種氨基酸中，蛋氨酸和半胱氨酸是含硫氨基酸，後者可以在動物體內由蛋氨酸轉化而來。所以，飼料中足夠的蛋氨酸比例對於雞的生長或者產蛋有着至關重要的影響。玉米和豆粕的搭配在滿足其他氨基酸的比例需求方面比較理想，而蛋氨酸的比例就比較低。於是，蛋氨酸就成了飼料中的「限制性氨基酸」，其他氨基酸受限於這個瓶頸就不能被利用。

要提高蛋氨酸的比例，當然可以加入蛋氨酸含量高的蛋白質，但是常見的富含蛋氨酸的蛋白質（如魚粉、牛奶蛋白）的價格都不低，供應量有限，而且魚粉加多了還會影響肉的口味，都不是很好的方案。於是，化學合成的蛋氨酸就有了大顯身手的舞台，化學工業可以經濟實惠地合成高純度的蛋氨酸，把它加入飼料可以輕鬆地消除其瓶頸效應，讓其他氨基酸得以被充份利用。氨基酸的利用率提高，成為糞便或者氣體排出的氮隨之減少，這對於注重環境效益的國家或地區具有明顯的社會效益。比如歐洲，大量土地氮含量超標，地下水承受着越來越重的硝酸鹽負擔。如果合理利用蛋氨酸，就可以大大減緩這種趨勢。

一般而言，有機養殖拒絕各種合成的飼料添加劑，但是由於合成的蛋氨酸帶來的好處顯而易見，美國批准將其用於有機飼料。

水果敷臉是原生態的果酸護膚嗎

有許多愛美女性喜歡用水果敷臉，認為水果中有果酸，有助於美容護膚。果酸的確是許多美容護膚品中的功效成份，水果中的天然果酸也就有了強大的吸引力。那麼水果中的果酸真的能美容護膚嗎？

顧名思義，果酸是來自水果的酸。在化學結構上，它並不是一種特定的物質，而是各種阿爾法羥基酸的統稱。不同來源的果酸分子大小不同，最小的叫作乙醇酸，甘蔗中比較多；比它稍大一點兒的是乳酸，酸奶的酸味就來自乳酸；其他果酸，如檸檬酸、蘋果酸，分子量就比較大了。

過去幾十年來，護膚品行業認為果酸能夠對皮膚產生多種有利影響，於是把它加入美容護膚品中。護膚品的功效宣傳不像藥品和食品那樣受到嚴格監管，所以基本上是靠客戶的「相信」來支撐的。許多人的使用經驗顯示「有效果」，也就引起了科學界的關注。在護膚品行業的推動下，也就有了一些研究來驗證果酸對皮膚的影響。

1996 年，賓夕法尼亞大學學者在《美國皮膚病學會雜誌》上發表了一項隨機對照研究的研究成果。研究人員將 17 位有皮膚光老化症狀的老人分為 3 組，分別用濃度為 25% 的乙醇酸、乳酸和檸檬酸乳液塗抹他們的胳膊。每個人只塗抹一隻胳膊，另一隻作為對照。這種「自我對照」的試驗能夠最大限度地排除個體差異的影響，因此在樣本量不大的情況下也可以得到比較有統計意義的結果。研究人員在 6 個月後觀察老人們的皮膚狀態，還獲得了 8 位具有奉獻精神的志願者提供的小塊皮膚來做顯微觀察。結果發現，用果酸處理的皮膚平均增加了 25% 的厚度，表皮層和真皮層均有所增加。在這項試驗中，這 3 種果酸沒有體現出差別。深入的分析顯示，果酸破壞了角質細胞之間的連接，促進了膠原蛋白和糖胺聚糖的合成。

該雜誌同年還發表了另一項研究成果，用 5% 和 12% 的乳酸處理皮膚 3 個月，結果也是皮膚的多項指標有可見的改善。

這類研究還有一些，結果基本上都是塗抹於皮膚的果酸能夠改善皮膚的一些指標。一般認為，這是因為果酸分子小，能夠穿透皮膚。在皮膚的角質層，鈣對於細胞間的連接至關重要，而進入皮膚的果酸與鈣的結合能力很強。當果酸奪取了角質細胞間的鈣時，就打破了細胞間的連接，加速角質細胞的脫落，用護膚品行業的術語來説，就是「去角質」。這一過程又會促進新皮膚細胞的生成，從而增加皮膚的厚度。

果酸分子的穿透能力跟分子大小密切相關。分子最小的乙醇酸和乳酸具有更強的戰鬥力，因而在護膚品行業格外受寵。

不過，在使用中人們也發現果酸可能會增強皮膚的敏感性，導致皮膚更易被曬傷。2003 年的一項研究比較明確地展示了這一影響，試驗使用濃度為 10% 的乙醇酸乳液，把 pH 值控制在 3.5。在志願者的後背上選取三塊皮膚，兩塊分別用該乳液和安慰劑處理，另一塊作為對照，每週塗抹 6 次，共持續 4 週。然後用紫外線照射，逐漸增大強度直到皮膚上出現紅斑。結果顯示，用安慰劑塗抹的皮膚和不做任何處理的皮膚，出現紅斑的紫外線強度沒有明顯差異，而用乙醇酸乳液塗抹過的皮膚出現紅斑的紫外線強度比它們低了 18%。此外，在相同強度的紫外線照射下，還檢測了曬傷細胞的數量，結果是用安慰劑塗抹和不做任何處理的皮膚沒有明顯差異，塗抹乙醇酸乳液的皮膚中曬傷細胞的數量則是它們的 1.9 倍。這說明果酸的確使得皮膚更容易被曬傷。好在這一影響是暫時的，停止使用乙醇酸乳液一週之後再進行檢測，皮膚已恢復正常。

這一研究結果足以引起 FDA 的重視。美國化妝品行業評估成份安全的自治組織——化妝品成份評審專家小組對果酸潛在的副作用進行了深入的評估，認為如果滿足以下三條，果酸就不會明顯增強皮膚的敏感性：果酸含量不超過 10%、產品的 pH 值高於 3.5，以及產品通過配方實現防曬功能，或者在包裝上告知消費者使用期間要採取防曬措施。如果果酸含量超過 10%，pH 值低於 3.5，對皮膚的影響會顯著增加，就應該由專業人士來施用了。

FDA 採納了這一評估結果，在 2005 年發佈了一個含果酸化妝品的標籤指南，要求在產品上註明：「本產品含有阿爾法羥基酸（AHA），可能會增加你的皮膚對陽光的敏感性，尤其是被太陽曬傷的可能性。使用該產品期間及之後的一週內，應使用防曬霜、穿防護服並避免暴曬。」

在天然果酸中，分子小、效果好的乙醇酸和乳酸分別來自甘蔗和酸奶，而水果中的果酸分子都比較大。此外，這些天然果酸的果酸含量也不是那麼高，直接把酸奶塗在臉上，乳酸含量只在 5% 左右。女士們用來敷臉的水果，即使有效，效果也有限。當然，這也意味着增加皮膚敏感性的可能性也不大。水果敷臉，僅可作為一種生活的情趣與遊戲，真要起到護膚的作用，可能還得使用專業的商品。

面膜竟成細菌培養皿？你被嚇壞了嗎

網絡上有一個關於面膜的段子流傳很廣：「今天一女生告訴我，生命科學院院長的一場演講徹底改變了她。院長說：我就不明白你們女生為甚麼喜歡敷面膜，不知道膠原蛋白大分子不能被皮膚吸收也就算了，那厚厚一層不就是在臉上抹了層培養基嗎？還一敷敷半小時，皮膚表面的各種細菌都高興壞了，等你敷完都四世同堂了。」

「膠原蛋白不能被吸收」倒還無所謂，「細菌四世同堂」秒殺大批愛美女性。敷面膜是許多女性的生活必修課，而這個段子瞬間讓她們手足無措，這簡直堪稱「面膜危機」。

有沒有一位生命科學院院長這麼說過已經無從考證。雖然這段話並非無中生有，但最嚇人的部份並不是事實。首先，細菌固然可以在面膜上生長，但面膜遠非細菌生長的最優環境。在商品化的面膜中，一般都會有防腐成份。在面膜的保存過程中細菌難以生長，放到臉上的半小時中也不會那麼適合細菌生長。即使是沒有添加防腐劑的自製面膜，也不會比一碗粥或者一盤水果在桌子上放半小時更適合細菌生長。其次，「細菌四世同堂」固然是個調侃的說法，而且即使細菌分裂了四次，也只是增加了十幾倍。細菌數的增減通常以幾個數量級來衡量，十幾倍真的算不了甚麼。最後，即使是在最優條件下，即最佳溫度、最合適的培養基組成和細菌生長最旺盛的時間段，生長最快的細菌也需要十幾分鐘才能增殖一倍。即使是沒有添加防腐劑的自製面膜，與「最優條件」也相距甚遠。因此，細菌在半個小時內不會增加太多。此外，細菌無處不在，人體本身也是細菌生長的樂園，一個成年人身上和體內的細菌加起來有幾斤重，總數比自身的細胞數還要多。只要不是傷口感染或者攝入致病細菌，細菌的存在本身並沒有多麼可怕。

也就是說，「面膜危機」完全是一場無端製造的恐慌。

毫無疑問，化妝品、護膚品和保健品行業都存在大量的虛假宣傳。尤其是護膚品，本身並不要求有效才可以銷售。只要沒有明顯危害，依靠成功的營銷，想像中的功效就可以賣出好價錢。對於那些科學常識可以否定的「功效」，應該加以批駁；對於那些沒有科學證據支持的「想像」，也應該指出。但是，為了反對虛假宣傳，就通過歪曲科學事實製造聳人聽聞的說法，也無益於公眾。

比如面膜，鼓吹補充膠原蛋白是欺騙，完全可以用科學常識來否定。其他一些活性成份，比如減少黑色素分泌的小分子，是否有效需要科學證據，它們「是否真的有用」基本上取決於消費者是否相信廠家。而面膜在敷的那段時間內，在皮膚表面製造了一個相對封閉的環境，這個環境中有充足的水份，還有一些「可能有效」的活性成份，這些水份和所謂的活性成份在這段時間內與皮膚充份接觸，對於表皮角質層或者真皮的狀態是否有所幫助，用科學常識無法判斷，大概也只能靠消費者自己去體驗了。

但是，只要它不含刺激性、過敏性的成份，也就很難有甚麼危害——如果浪費錢不算危害的話。因反感商家的忽悠而用「細菌增加多少」來嚇唬公眾，也是一種忽悠。

橄欖油護膚靠譜嗎

橄欖油被認為是一種健康的食用油。除了單不飽和脂肪酸含量高使得它在組成上有一定優勢外，冷榨橄欖油中還含有較多的維生素 E 及其他多酚類化合物。這些微量成份使得冷榨橄欖油具有一定的抗氧化能力。除了食用，許多人還用它來塗抹皮膚，也有許多護膚乳液中使用了橄欖油，宣稱它具備普通油不具有的美容護膚功能。

這樣的理念和宣傳並不新鮮。在遠古的歐洲，人們就用橄欖油來抗皺、保濕、護膚。油本身就有助於保濕，而其中的抗氧化劑在外用的情況下對於紫外線等氧化損失也有一定的抵抗作用。因此，有人覺得橄欖油護膚品有效並不奇怪。

不過，古人的經驗往往只是主觀感覺，傳說中的功效經常是信則靈的結果。要想確切知道它是否有效，還需要用現代科學方法來檢驗。

橄欖油對皮膚有益嗎

有很多研究評估過橄欖油對皮膚保護的影響。比如 2008 年的《兒童皮膚病學》（*Pediatric Dermatology*）雜誌上就發表過澳大利亞的一項隨機對照試驗報告，研究早產兒皮膚的護理。在試驗中，173 個早產兒被隨機分成 3 組，一組使用市場上的某種專用軟膏，一組使用 30% 橄欖油和 70% 羊毛脂製成的乳液，另一組不使用任何產品做對照。在實驗開始後的 2-4 週內，在不知道所評估的嬰兒屬於哪一組的情況下，由評估者對這些嬰兒的皮膚狀況進行打分。結果是，使用橄欖油乳液的那一組嬰兒皮膚狀態最好，對照組最差。這樣的實驗能夠說明使用由橄欖油和羊毛脂製成的乳液比甚麼都不用要好，也能說明它比另一組使用的那個「伴讀生」優秀，但對於橄欖油是不是像傳說中的那樣「特別有效」，依然無法得出結論。

如果只有這項研究，那麼也還可以說「聊勝於無」，橄欖油乳液即使不那麼有效，也不會更糟。但 2013 年發表於該雜誌的另一項研究報告對上述結論造成了嚴重衝擊，該研究的目標是比較橄欖油和葵花籽油對皮膚的影響。19 位皮膚正常的成年志願者被分成兩組：第一組每天在一隻胳膊的前臂上塗抹兩次橄欖油，每次 6 滴，另一隻則不塗抹，持續 5 週；第二組每天在一隻胳膊的前臂上塗抹兩次橄欖油，在另一隻胳膊的前臂上塗抹兩次葵花籽油，都是每次 6 滴，持續 4 週。最後，通過測定角質層完整性和凝聚力、保濕性、皮膚表面的 pH 值及紅斑等指標評估皮膚狀態。結果發現，塗抹橄欖油破壞角質層的完整性，導致了輕度紅斑，而葵花籽油則保持了角質層的完整性，沒有引起紅斑。因此，研究者認為，橄欖油會損害皮膚的屏障作用，不應該用於乾性皮膚和嬰兒按摩。

就科研證據的強度而言，這兩項都只能算是初步研究，不能算作證明或者否定了橄欖油對皮膚的作用。考慮到嬰幼兒的承受能力比較低，如果從謹慎角度出發，那麼第二項研究所提出的建議更值得重視。

不過，對愛美女性來說，更關心的大概是橄欖油是否有助於祛斑之類的問題。比如很多護膚產品就使用了橄欖油，宣稱可以預防或者改善妊娠紋。

去除妊娠紋，橄欖油無能為力

妊娠紋產生於皮膚中間的真皮層。真皮層中有膠原蛋白和彈性蛋白，因而具有彈性，能起到保持皮膚形狀的作用。但是，如果真皮過度變形，或者變形持續時間過長，就可能導致真皮層斷裂，從而出現斑紋。在懷孕過程中，胎兒在體內不斷生長使得孕婦腹部皮膚受到持續性牽拉，就很容易形成這樣的斑紋，即妊娠紋。除了懷孕，其他導致皮膚持續拉伸的因素，也可能形成這樣的斑紋。比如短期內體重大幅增加的男性，同樣可能出現這樣的斑紋。

早期的妊娠紋呈淺紅色，後逐漸轉為白色。據統計，有50-90% 的女性在懷孕中會出現妊娠紋。它的存在給許多女性帶來心理上的不安，使得預防和治療妊娠紋具有格外強的吸引力。

由於護理皮膚的悠久歷史，「治療妊娠紋」也就成了橄欖油及含有橄欖油的乳液產品的賣點之一。可惜這基本上只是都市傳説，一直沒有得到臨床試驗的支持。2012 年 11 月，循證醫學系統評價資料庫（CDSR）發表了一篇綜述，總結了能夠找到的 6 項用各種乳液處理妊娠紋的醫學試驗結果，試驗人數大約有 800 人。結果令人失望，含有橄欖油、可可脂等各種常見功效成份的乳液與不含有功效成份的安慰劑及不做任何處理相比，在統計學上沒有差別。這個結果通俗地説就是：不管是用橄欖油還是用安慰劑，抑或是甚麼也不用，都是有的人會長妊娠紋，有的人不長。用統計工具進行分析的結果是：長不長妊娠紋、長得多嚴重跟用不用乳液及用甚麼乳液都沒有關係！

當然，正如綜述的作者所指出的那樣，這些研究的規模有限，設計也不完全嚴格，要對橄欖油與妊娠紋的關係做出更確切的描述，還需要更大規模的進一步研究。我們只能説，基於目前的證據，用橄欖油預防和治療妊娠紋只是沒有科學證據支持的美好願望。

蜂王漿對人類有用嗎

蜂王漿是一種很神奇的東西，在全世界都有很強的號召力，尤其是在中國，它幾乎是高級補品的形象大使。它到底有甚麼與眾不同之處？那些神奇的作用靠譜嗎？

蜂王漿中有激素嗎

蜂王漿是工蜂分泌的物質，用於餵養蜜蜂的幼蟲。如果幼蟲沒有被選作未來的蜂王，供給就會比較有限，而且早早「斷漿」，幼蟲最後就成為工蜂。而對於成為「王位繼承人」的幼蟲，這種物質的供應就很充足且終生不斷。「蜂王漿」的名稱由此而來。與工蜂相比，蜂王的成熟期短——平均在半個月左右，而工蜂則需要20天以上；蜂王的壽命長——可以活幾年，而工蜂則只有幾十天的壽命；蜂王有生殖能力——每天可以產下幾百枚卵，而工蜂一般終生都不能產卵。

基因是相同的，僅僅因為吃的東西不同，就長成了完全不同的形態。這種現象在自然界即便不是絕無僅有，也是非常罕見的。多年來，人們相信蜂王漿中含有某種「蜂王決定物質」，或者促進生殖系統成熟的性激素。不過，經過多年的尋找，都沒有發現它們的存在。直到二三十年前，隨着分析檢測技術的進步，才有人在其中檢測到了睾丸激素的存在。不過濃度實在太低，一毫升純的蜂王漿中的睾丸激素含量只有人體中正常含量的百萬分之一到幾十萬分之一，這樣的濃度沒有顯示出生物學活性。

為甚麼蜂王漿中沒有發現有實際意義的性激素，卻又對蜂王的形成有如此明確的作用？是還有人類尚未發現的「未知性激素」，還是其中的常規物質「協同作用」產生了這樣的結果？比如，2005年有一項日本的研究就宣稱發現蜂王漿能與雌激素受體結合，從而產生微弱的雌激素作用。過去的幾十年，科學家們提出了各種假說，不過沒有一種取到明確的證據。

蜂王漿如何決定蜜蜂成為蜂王還是工蜂

直到 2011 年，這一問題才得到了初步解決。日本科學家發現，新鮮的蜂王漿中有一種叫作蜂王蛋白（Royalactin）的蛋白質，能促進生長激素的分泌，進而調控一系列基因的表達。但是這種蛋白質不穩定，在保存過程中會降解。攝入新鮮蜂王漿的蜜蜂幼蟲發育成了蜂王，而攝入放陳了的蜂王漿的幼蟲則發育成了工蜂。

2015 年，美國學者發表了另一項研究成果，顯示蜜蜂幼蟲發育成蜂王，不僅與吃蜂王漿有關，還與不吃蜂蜜和花粉有關。在植物中廣泛存在着一種叫作「對香豆酸」的小分子物質，它存在於蜂蜜和花粉中，但不存在於蜂王漿中。蜜蜂幼蟲吃了這種物質之後，就會改變一系列基因的表達，比如啟動解毒與增強免疫力的基因，從而能夠對抗蜂蜜和花粉中的有毒物質。但這種物質又會抑制卵巢等生殖系統的發育。攝入加了對香豆酸的蜂王漿的蜜蜂幼蟲，牠們的卵巢就不如攝入常規蜂王漿的蜜蜂發育得完善。

蜂王漿對其他動物有類似作用嗎

發現蜂王蛋白對蜜蜂發育的作用之後，日本科學家也用它餵食果蠅，驚奇地發現它對果蠅也有對蜜蜂類似的活性。這說明，它對身體生長和生殖發育的作用並不限於蜜蜂，對其他物種也可能發揮調控基因表達的作用。

在此之前，科學家們已經拿蜂王漿餵過其他高等一些的動物，也觀察到了促進生殖的作用。比如攝入蜂王漿的兔子，生殖能力和子宮發育更好一些。1978 年發表的一項研究是給鵪鶉餵食大量的蜂王漿乾粉，結果鵪鶉的成熟期縮短，下蛋更多。這一現象在母雞中也得到了驗證。

它對於人的影響會怎樣呢？傳說它能夠提高精子和卵子的質量，從而增強生育能力。不過在學術文獻數據庫裏，只能找到一項埃及針對不孕人群的小規模研究，結論是服用蜂王漿和蜂蜜混合物把懷孕比例從對照組的 2.6% 提高到了 8.1%。從科學證據的角度，要做出蜂王漿能夠幫助不孕人士懷孕的結論，這樣的一項實驗還遠遠不夠。因此，蜂王漿對人體生殖系統有甚麼樣的影響，也是「沒有證據做出判斷」。

蜂王漿靠甚麼對人「保健」

蜂王漿的廣告總是喜歡列出它含有多少種營養成份及其含量，用以論證它具有極高的營養價值，但是這類數據幾乎沒有任何實際的意義。人體需要的不是多少種營養成份，而是每種成份的量有多少。考慮到蜂王漿的服用量——不會有人像蜂王一樣把它當作「主糧」，這些列出來的營養成份都可以很方便地從常規食物中獲得，迄今為止也沒有證據表明補充這些成份能夠帶來傳説中的那些作用。「決定蜂王形成」的蜂王蛋白對於蜜蜂當然沒有問題，但人類吃的蜂王漿一般都經過加工並且儲存了相當長的時間，即使這種蛋白對於人類也有同樣的活性，在人們吃到蜂王漿時也很可能已經降解掉了。而基於對香豆酸的作用機理，對人毫無意義——蜂王只吃蜂王漿，所以能夠避免攝入對香豆酸，而人只是把蜂王漿作為補品，依然會從常規食物中攝入許多對香豆酸。而且，對香豆酸本身是一種抗氧化劑，能夠清除自由基，在一些研究中還顯示出了抗癌活性。

因此，如果說蜂王漿有甚麼神奇作用的話，只能源於我們還不清楚的成份，或者已知成份中我們所不清楚的作用。要驗證這些作用的存在，必須用蜂王漿來做實驗。實際上，這樣的實驗還真有很多，尤其是在 20 世紀五六十年代，這樣的研究層出不窮。然而，很多實驗都被認為有設計上的缺陷，因而結論不太靠譜。目前，只有「幫助降低膽固醇」有稍微好一些的「初步證據」。而對於「消炎」「調節免疫」「促進傷口癒合」等，雖然有一些初步證據，但是有效物質被吃到體內未必能夠保持活性，也就很難確定。

傳說中蜂王漿的功效太多了。到現在，現代科學雖沒有否認它們的存在，但也沒有找到證據來支持。蜂王漿到底有沒有用，也就只能依靠「相信」去回答。

從古偏方到現代神藥，青霉素經歷了甚麼

在漫長的歷史長河中，人類在絕大多數時間內都對各種病菌感染束手無策，一旦感染，基本上就只能死馬當活馬醫、聽天由命了。肺炎、淋病、風濕熱、傷口感染差不多都可以算作不治之症。

當然，古人也找到了一些偏方來處理感染。比如，古埃及人用發霉的麵包做成藥糊，塗在傷口上，有時候也能碰巧「有用」，古希臘、印度、俄羅斯等地也有類似用發霉的東西來處理傷口的做法。就跟傳統醫學一樣，這些方法時靈時不靈，不知道是真的靈還是僅僅出於運氣好，更不知道它為甚麼靈或者

為甚麼不靈。

到了 20 世紀初，人類對細菌的研究已經比較深入。英國倫敦聖瑪麗醫院有位細菌學教授，名叫亞歷山大·弗萊明，他當時研究葡萄球菌。1928 年 9 月 3 日是人類醫學史上一個值得紀念的日子，弗萊明在他的葡萄球菌培養皿中發現了一塊長霉的地方，其周圍沒有葡萄球菌的生長。他認為是那些分泌的物質抑制了葡萄球菌的生長。

這種霉菌後來被命名為「青霉菌」，它分泌的物質被命名為「青霉素」（Penicillin，早期音譯為「盤尼西林」）。弗萊明對它進行了進一步的研究，發現它能夠殺死多種致病細菌，如鏈球菌、腦膜炎球菌及白喉桿菌等。

弗萊明讓他的助手分離出青霉素。他們發現，青霉素不穩定，只能得到雜質很多的粗提物。1929 年 6 月，弗萊明在《英國實驗生理學雜誌》（*British Journal of Experimental Pathology*）上報道了這一發現。在論文中，他提到青霉素在醫療上的可能用途。不過，由於沒有實現青霉素的分離、純化，這僅僅只是一種猜想。弗萊明認為，青霉素的主要用途是在細菌研究中，可以依據對青霉素是否有抗性來篩選細菌。這種用途雖然沒有治病救人那麼有商業前景，但也足夠吸引人們對它進行研究。然而，可惜的是那個時代的研究者都沒能分離、純化出青霉素，它的前途也就因此蒙上陰影。

10 餘年之後，也就是 1939 年，牛津大學威廉．鄧恩爵士病理學院的霍華德．弗洛里和恩斯特．錢恩投入了巨大的資源來分離青霉素。他們僱了一個被稱為「青霉素女孩」的小組來負責培養青霉菌，一週產生的青霉濾液多達 500 升。

同時，牛津大學的生物化學教授諾曼．希特利開發出了純化青霉素的工藝。他先用乙酸戊酯提取青霉素，再把它溶解到水中。另一位生物化學家愛德華．亞伯拉罕則找到了用柱層析去除雜質的方法。

1940 年，弗洛里用老鼠進行了試驗，顯示青霉素能夠保護老鼠抵抗葡萄球菌的感染。1941 年 2 月 12 日是青霉素歷史上的一個里程碑——第一次臨床試驗。一位 43 歲的警察成了第一位接受青霉素治療的病人。他的嘴被玫瑰劃傷之後，導致眼睛、臉和肺部感染膿腫，已處於生命垂危的境地。幸運的是，在注射青霉素之後，他的症狀明顯好轉。不幸的是，由於沒有足夠的青霉素跟上，他的生存希望只維持了幾天，最終還是破滅了。

但這一試驗為抗擊細菌感染帶來了曙光。後來，又有一些臨床試驗顯示了青霉素的潛力。可惜那時「二戰」正打得難解難分，雖然也有一些醫藥公司試圖開發生產青霉素，但進展極為緩慢。要想讓它成為常規藥物，還需要生產大量產品和進行更多臨床試驗來確定療效。但當時，英國化工行業幾乎全部為戰爭所徵用，沒有多餘的資源生產青霉素。

1941 年，弗洛里和希特利遠走他鄉，到沒有經歷戰爭的美國尋找機會。幾經輾轉，他們找到了北方地區研究實驗室（Northern Regional Research Laboratory，NRRL）作為合作夥伴。這個實驗室地處伊利諾伊河畔的偏僻小城皮奧里亞，具有先進的發酵技術。

弗洛里和希特利在實驗室裏生產青霉素，規模小、產率低，要想投入大規模生產，從青霉菌的培養到青霉素的純化都需要脫胎換骨的改進。NRRL 也的確沒有辜負信任。實驗室主任奧維．梅非常重視，讓發酵部主管羅伯特．科格希爾領導攻關。借助豐富的發酵經驗，他們很快發現：在培養基中用乳糖代替蔗糖可以大幅提高產率。接着，又發現在培養基中加入玉米漿，產率能夠提高 10 倍。此外，他們還發現，直接加入青霉素合成的前體，產率還會進一步提高。

之前的青霉菌培養需要讓細胞附着在固體表面，這大大限制了青霉菌的產量。NRRL 攻克了懸浮培養的難關，讓青霉菌待在培養基的液體中，這使得培養效率大大提升。但是，弗洛里所提供的青霉菌株不適合懸浮培養，於是 NRRL 在世界範圍內篩選青霉菌株。他們從世界各地收集土壤，分離出其中的青霉菌，檢驗它們在懸浮培養中的活力。有趣的是，最後在從皮奧里亞水果市場買的發霉甜瓜上找到了最高產的菌株。後來，卡內基研究所用 X 光對其進行突變處理，又提高了產率。再後來，威斯康星大學用紫外線對其進行照射，產率得到了進一步提高。

有了足夠數量的青霉素，就可以進行更多的臨床試驗。經過許多成功的臨床試驗，青霉素很快被用於醫療，一些大醫藥公司也投入青霉素的商業化生產中。1943 年，美國共生產了 210 億單位的青霉素；1944 年，產量達到了 1.66 萬億單位，比前一年增加了近 80 倍；到了 1945 年，產量更是達到了 6.8 萬億單位。美國政府也因此取消了對青霉素的控制，使得它像其他藥物一樣通過常規的銷售渠道自由銷售。

1945 年，弗萊明、弗洛里和錢恩因在青霉素上的貢獻而分享了諾貝爾生理學或醫學獎。青霉素的生產能力也越來越強，到 1949 年，僅美國的產量就達到了 133 萬億單位。相應地，它的價格也越來越低，10 萬單位的青霉素的價格在 1943 年是 20 美元，到 1949 年只需要 10 美分了。

第四章

比微米還小的世界，有着別樣的精彩

界面的世界很精彩，不無奈

多數人都吹過肥皂泡，五彩斑斕的泡泡是如何形成的？每個人都會洗衣服，洗衣粉如何去掉污漬？大家都吃過蛋糕，蛋糕的蓬鬆感又從何而來？還有，冰塊化成了水放回冰箱會重新凍成冰，為甚麼冰淇淋化了之後再放回冰箱卻無法恢復原來的質感？

這一切都可歸結到同一因素：界面。

不能互相融合的物質放在一起會形成界面，比如水和油、空氣和水。無論怎麼攪和，水和油之間都存在一個界面，而無法像酒精和水那樣混為一體。空氣在水裏只能形成氣泡，永遠也無法像氨氣那樣被水吸收。空氣和水之間也會形成一個界面，在界面科學裏通常被特別地稱為「表面」。

當這樣的界面存在時，界面上的物質就處在一種和它們的同胞不同的環境中，也就有了不同的需求和行為。在一杯水裏，水和空氣的界面只是杯子的橫截面，總共只有可以忽略的一小撮水分子處在界面上，它們再折騰也搞不出甚麼事來。如果這一杯水（假設 200 克）被分散成直徑一微米大小的水滴，那麼總面積就是 1200 平方米，就會有大量的水分子處在界面上。所謂三人成虎，這麼多水分子處在相同的境地，發出同樣的呼聲，即使不能翻天覆地，至少也危害安定團結。

當組成物質的顆粒小到納米程度時，就會產生許多新的特性，這就是納米技術。當不相融的物質之間存在大量界面時，就會產生「界面現象」。我們每一天都在接觸着各種界面現象，可以說，在物質的界面上存在着一個不同的世界。這個界面上的世界，其實也很豐富多彩。

如果太空裏有一團水，會是甚麼形狀

我們知道，一團水不會乖乖地待在空中，它會掉到地面上來，因為地心引力會把它「吸」下來。如果到了太空裏（比如在宇宙飛船裏），沒有了重力，它就能夠待在空中了。那麼，當它待在空中時是甚麼形狀的呢？

讓我們看看組成這團水的水分子們吧。

先來看水團內部的分子，它們的周圍全是同胞，沒有語言障礙，喜歡玩同樣的東西。因此，它們待得很舒服，不願意到處亂跑，最多就是四處轉轉，沒有搬家的想法。

再來看那些界面上的分子，一面是同胞，另一面是外族（空氣分子）。水分子和空氣分子語言不通，愛好也不一樣，它們不喜歡在一起玩。所謂「不是一家人，不進一家門」，空氣分子對水分子顯然不友好。即使友好，其吸引力也趕不上同胞的吸引力。所以，界面上的分子都傾向於搬到同族內部去。水分子們沒有受過文明禮貌的教育，只知道自己舒服，每一個都拼命往裏擠。顯然，這樣擠的結果就是界面盡可能地減小。對固定體積的水來說，球的表面積是最小的，所以這一團水會很快形成一個球。如果空氣中的水蒸氣氣壓低於飽和蒸氣壓，那團水就會慢慢蒸發，逐漸變小；如果空氣中的水蒸氣達到飽和（比如浴室裏的濕度），那團水就會保持球形不變。任何流體物質表面上的分子都有使其表面減小的趨勢，導致表面減小的力就是表面張力（見圖 7）。

圖 8 是解釋表面張力的一個理想實驗。一個光滑的金屬框，有一邊是可以自由滑動的。把這個框在水裏浸一下，框上就形成一層水膜。水膜有上下兩個表面，根據前文所說，表面上的水分子有使表面減小的傾向，所以必須施加一定的力 F 才能對抗這個力從而保持住水膜面積。顯然，力 F 的大小與邊的長度 l 成正比。而這個比例是水的一種基本性質，與力 F 和邊

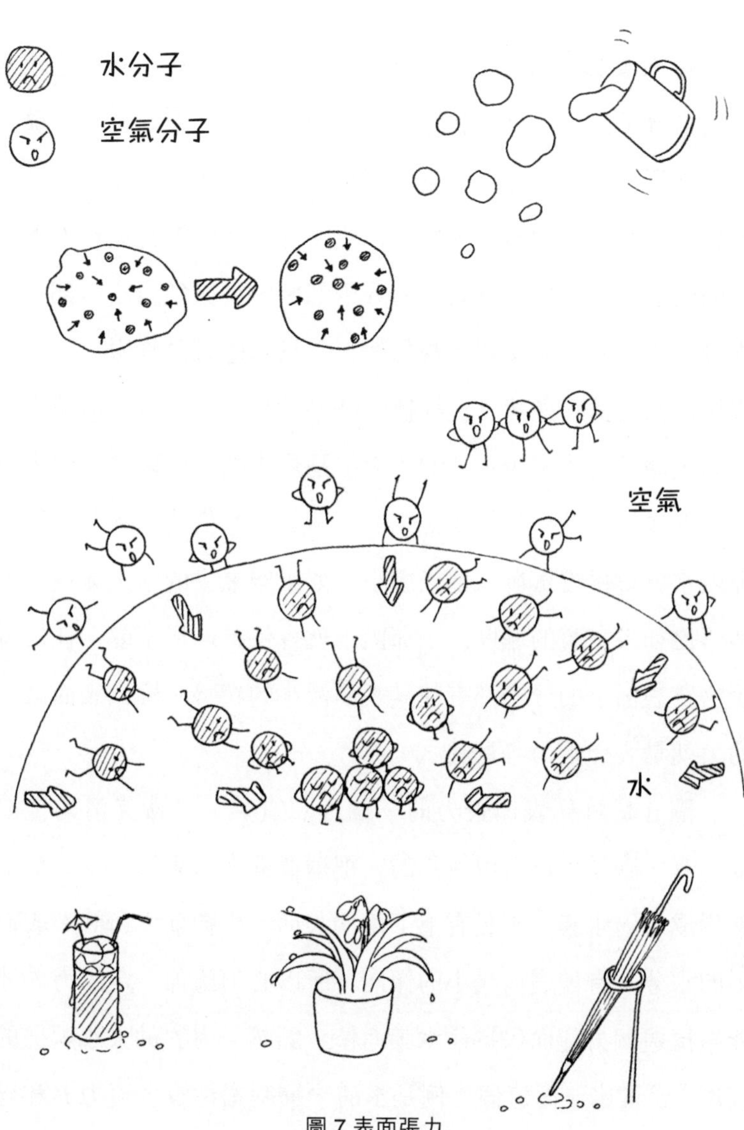

圖 7 表面張力

的長度 l 無關。在界面科學裏，這個比例被定義為表面張力，它的單位是牛頓 / 米。由於表面張力的值比較小，通常用的單位是毫牛頓 / 米，寫作 mN/m。

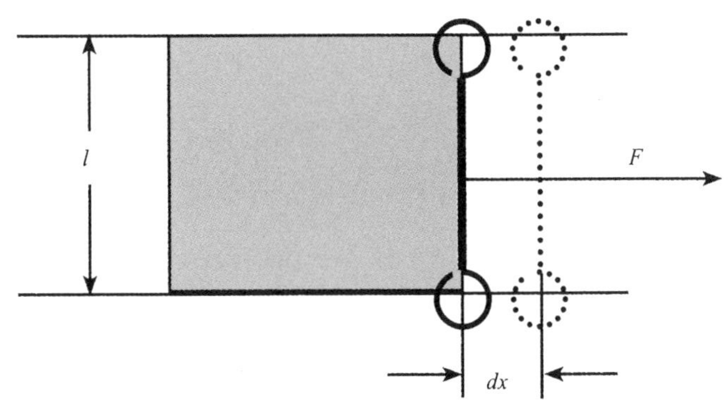

圖 8 表面張力實驗示意圖

繼續看圖 8，如果我們用稍稍大於但無限接近 F 的力把那個邊移動一點兒距離 dx，這樣我們對這個水膜做功增加了它的表面積 $l \cdot dx$。我們做的功是 $F \cdot dx$，應該等於水膜增加的表面能。把所做的功除以增加的表面，得到的是 1 平方米表面積所具有的表面能。做一下簡單換算，會發現這個單位面積的表面能（焦耳 / 平方米）正好等於前面得出的表面張力。這是一件非常美妙的事情，看起來完全不同的兩個物理量，竟然是相同的。實際上，把表面張力的單位（牛頓 / 米）分子分母同乘長度（米），得到的就是焦耳 / 平方米。在熱力學上，表面張力有更為嚴格的定義，不過除了教科書一般很少提到。

除了空氣和水之間的界面，任何不相容的兩種流體界面上都存在這種力，比如油和水。如果一種是氣體，另一種是液體，就叫作表面張力（大家看不到空氣，所以認為表面是液體的表面）；如果兩種都是液體，就叫作界面張力（兩種液體之間自然沒有一個「表面」）。在非學術場合，人們往往不做這種區分，一律叫作「表面張力」。

再回到太空中的那一團水，作為一個圓球的時候，表面能是其表面積乘以水的表面張力（0.072 焦耳 / 平方米），大約是 0.0012 焦耳，而分散成直徑 1 微米的水滴之後，表面能變成了 87 焦耳。也就是說，需要外界加入至少 87 焦耳的能量，才能把一杯水分散成那樣的小水滴。考慮到實際上只有很少一部份能量能夠轉化成表面能，所需要的能量要大得多。在生活中，我們要用噴霧器那樣的裝置來實現。

表面張力的大小當然不能用這個理想實驗來測量。理想實驗嘛，是用來思考而不是用來做的。測量表面張力並不複雜，有很多原理很簡單、操作也不複雜的裝置可以相當精確地測量出表面張力。科學的魅力在於，這些方法幾乎沒有相同之處，測出的數值卻是完全相同的。

讓我們再來做一個實驗，拿一根滴管，吸滿水，慢慢地擠。我們會看到有一滴水出來，但不會掉下來。那滴水也受到地球的重力吸引，為甚麼不掉下來呢？原來當重力吸引水時，把水滴的形狀拉長了。這麼一拉長，水滴的表面積就增大了。重力往下拉，表面張力就往上使勁，兩個力一樣大，誰也拉不過誰，水滴就待在滴管口了。科學前輩們已經寫出了數學方程來描述水滴的形狀。如果用其他方法測出了水的表面張力，按那個數學方程畫出水滴的輪廓，那麼與用顯微相機拍出水滴的照片幾乎可以完全重合。反過來，把拍下的照片輪廓坐標放進那個方程，也可以算出表面張力。

如果我們繼續擠，出來的水變多了，重力也就變大了，但表面張力沒有增加，最後它拉不過重力，水滴就掉下去了。對滴管來說，表面張力能夠產生的向上的拉力是固定的。當水滴受到的重力大於這個力時，水滴就會掉下去。如果我們用天平去稱掉下來的每滴水的重量，就會很驚奇地發現：每滴水的重量基本上都是一樣的！

滴下一滴水，它該有多大

前文説從一根滴管滴下的每滴水的重量基本上都是一樣的，那麼滴的速度或者其他因素會不會影響它的大小呢？

這裏所説的是操作時很小心，水滴很慢地滴出來的情況，整個過程中可以認為水滴處於平衡狀態。在流體力學領域，這樣的狀態被稱為「柯西穩定狀態」。就是説，這種狀態不是真正的穩定狀態，但是運動得很慢，可以被當成平衡態來做靜力學分析。如果水滴滴得很快，大小就跟滴的速度有關了。

我們來看懸在滴管下面的水滴。任何一個橫截面都承受着橫截面以下的那部份液體的拉力，大小等於那部份液體的重力。這一拉伸的結果會增加水滴的表面積，所以這裏的表面張力會產生向上的份量來抵制這個拉力，而水平方向的份量則互相抵消了。當重力和表面張力相互抵消時，水滴處於平衡狀態，而不會掉下來。

如果我們仔細觀察那些水滴，不難發現，在所有可能的橫截面中，滴管出口處的那個面承受的重力是最大的（承受整個水滴的重量），而那個面的直徑在水滴的上半部份是最小的，因為向上的張力等於表面張力乘以周長（見圖 9）。當水滴增大到表面張力不足以抗衡重力時，水滴就脫離滴管。當水滴脫離滴管時，水滴的重力正好等於表面張力產生的拉力。對純液體而言，表面張力是固定的，滴管的周長也是確定的，也就是說，滴下的水滴的重量就是固定的。

從上面的討論不難看出，滴下液滴的重量只由滴管的直徑和液體的表面張力決定。對於不同的滴管和不同的液體，這一數值就會不同。

在工業界的研究中，經常使用重量來計算濃度，比如某種成份佔百分之多少。而在學術研究中，通常使用體積濃度，比如一升溶液中某種物質含有多少毫升。前者是為了方便生產，

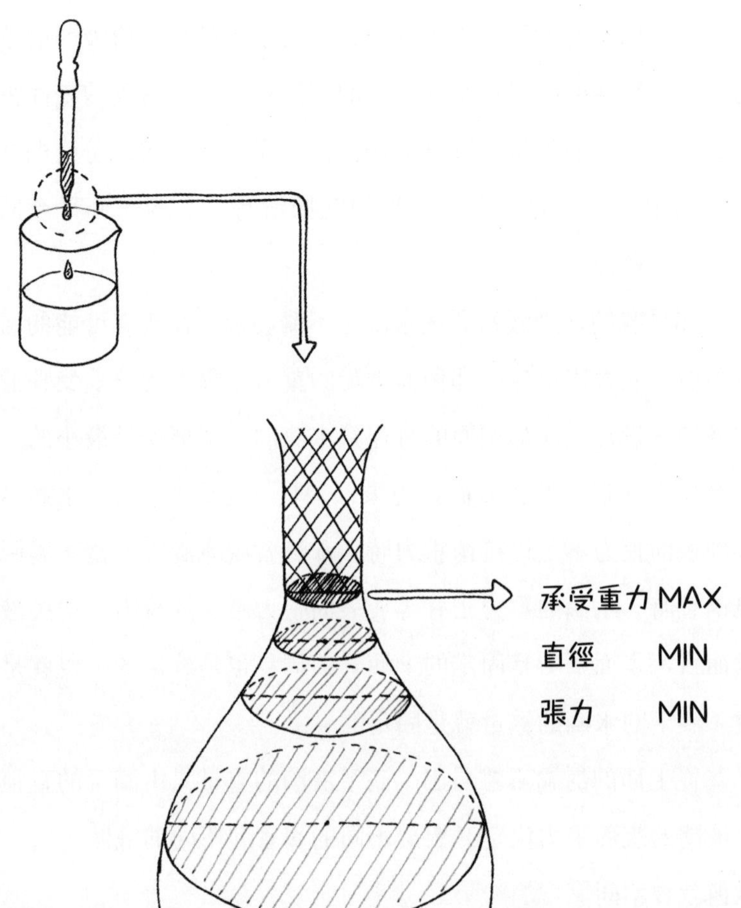

圖 9 滴管出口處的橫截面承受重力最大、直徑最小、張力最小

註：圖中 MAX 意為最大，MIN 意為最小。

後者是出於熱力學上的嚴格。如果考慮滴下液體的體積，那麼除了表面張力外，的確還跟液體的密度有關。如果只考慮重量的話，就幾乎跟密度無關了。

表面張力會受溫度的影響，一般而言，溫度上升，表面張力會降低。而且，不同液體受影響的程度不同。至於濕度，主要是在濕度低的情況下，水有一定程度的蒸發，對於這個過程有一定的影響。就一般的應用來說，數滴數本身只是一種估算，確定的數值還是要依靠最後天平的讀數。而忽略這些次要影響因素的估算，已經可以得到一個比較精確的結果。

滴管下面的液滴分析，其實是兩種表面張力測量技術的基礎。一種是前文提到過的，拍下液滴照片，分析液滴輪廓，代進一個數學方程（其原理就是這裏所說的力的平衡），可以算出表面張力。因為使用了整個水滴輪廓的數據，用大量的數據擬合一個方程，可以大大減小各種干擾所產生的誤差。另一種是利用滴下的液滴重量及滴管的直徑計算表面張力，原理就是上面所說的表面張力等於重力。這實質上只用了液滴上的一個數據點，而且其他如液體的密度、液體和滴管的接觸方式等也會有一定影響的因素並沒有包含在內。因此，這是一種原始、簡單但不夠精確的方法，現在在科研上已經沒有人用了。

通過山寨荷葉，科學家發明了自我清潔的塗料

雨過天晴，我們會在樹葉和草葉上看到許多水珠。荷葉和芋頭葉上的水珠晶瑩剔透，可以滾來滾去。即使在這些葉子上灑上一些污水，也不會在葉子上留下污痕。如果建築物的外牆、露天的廣告牌等表面也像荷葉一樣，不就可以永保清潔而免去清洗的麻煩了嗎？

這還真不是幻想。在人們搞明白了荷葉「出淤泥而不染」的原因之後，這種具有自清潔能力的表面就研發出來了。

從接觸角談起

為甚麼有的葉子上的水珠是球形的，可以滾來滾去，有的葉子上的水珠卻很扁，乖乖地待在一個地方不動呢？讓我們看看圖 10。

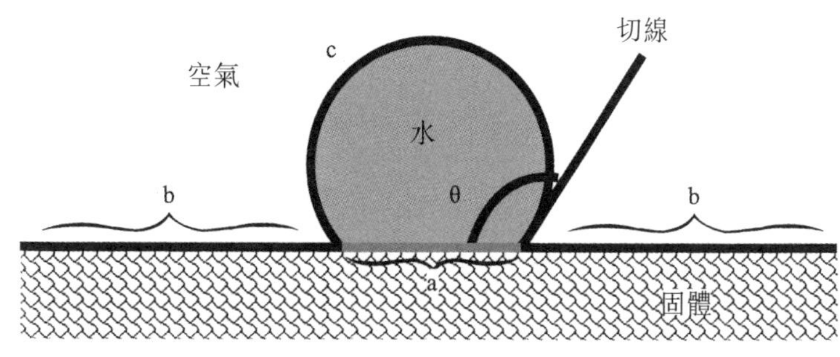

圖 10 固體、水和空氣形成的三個界面

一滴水在固體表面上，如圖 10 所示形成三個界面。a 是固體和水的界面，b 是固體和空氣的界面，c 是水和空氣的界面。c 是彎曲的，如果我們從三個界面交界的地方沿着曲面 c 的方向畫一條線來，就叫作曲線 c 在那個點的切線。圖中的夾角 θ，我們把它叫作「接觸角」。

如果接觸角很大，是甚麼樣子呢？

當接觸角 θ 很大時，水珠就呈球形，水和葉面的界面（相當於圖 11 中的 a）非常小，水不會在一個地方待着，整個水珠可以滾來滾去。

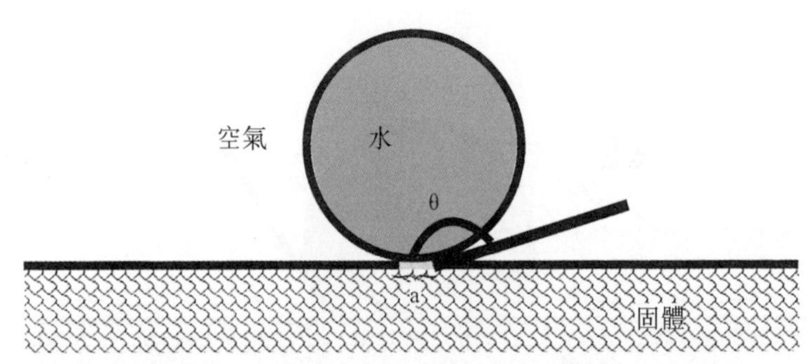

圖 11 固體、水和空氣形成的三個界面（接觸角 θ 很大時）

如果接觸角很小，又會是甚麼樣子呢？

圖 12 就是一般的葉子上水珠的形狀，扁扁的，水和葉面的界面 a 很大，接觸角 θ 很小，水珠也不能隨便移動。進一步想，如果接觸角達到 0°，會是甚麼情況呢？沒錯，沒有 b 了，所有的固體表面都被水佔據。日常生活中，如果碗或者玻璃不太乾淨，比如有油，那麼接觸角就會比較大，我們就能看到水珠。如果用洗潔精把碗洗得很乾淨，放滴水上去，水就立

刻鋪開，看不到水珠了。

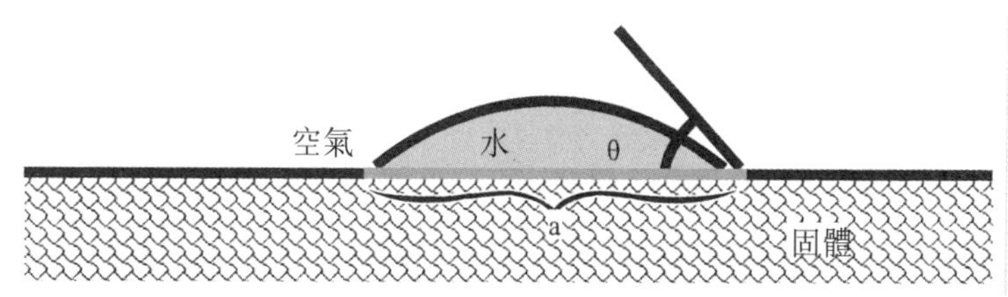

圖 12 固體、水和空氣形成的三個界面（接觸角 θ 很小時）

接觸角的物理原理有點兒抽象。我們需要從表面能的概念出發來理解：增加任何兩種物質的界面，都需要一定的能量，這個量在數值上等於這兩種物質構成的界面的界面張力。我們比較熟知的界面張力是空氣和水之間的界面張力。其實不僅是氣體和液體之間，氣體和固體、液體和固體之間也存在界面張力。再看看圖 10，一滴水放在固體表面製造了三種界面：空氣和水的界面c、水和固體的界面a，以及空氣和固體的界面b。把各自的界面張力乘以界面面積，加起來就得到了整個體系的總界面能，也就是由於形成這些界面整個體系增加的能量。

具體的數學推導就不做了，我們來考慮兩種極端情況。如果空氣和固體之間的界面張力很大而液體和固體之間的界面張力很小，大自然就傾向於把水滴完全鋪開（誰都喜歡幹省力氣的活兒），這就是洗乾淨的普通玻璃滴上水的狀態。相反，如果液體和固體之間的界面張力很大而空氣和固體之間的界面張力很小，大自然就傾向於讓空氣與固體接觸而讓液體一邊待着，這就是荷葉的情況。而在絕大多數情況下，是空氣和固體之間的界面張力與液體和固體之間的界面張力誰也沒能「一統天下」，接觸角就是雙方妥協劃分勢力範圍的結果。其背後的決定因素還是大自然喜歡省力氣，即整個體系的表面能最低。在具體劃分的時候，空氣和液體之間的界面張力也會跳出來插一槓子，因此接觸角是由固體、液體、空氣三方相互之間的界面張力決定的。

如果我們不想讓水留在固體表面，就要增大接觸角。比如，水在一般的布上接觸角很小，水到了布上就把布打濕了。在用布做雨傘時，我們把一些特殊的物質塗在布上，這樣水在布上的接觸角就變得很大，布也就不會被雨水打濕了。

我們的頭髮，以及許多動物的毛，像貓毛和狗毛，一下雨就被打濕了。鵝和鴨等動物的毛就不會被打濕，往牠們身上澆點兒水，牠們一撲棱，水就掉落了。這也是因為水在我們的頭髮或者貓毛、狗毛上的接觸角很小，而在家禽或者鳥的羽毛上的接觸角很大。

荷葉效應

雖然人們知道接觸角和界面張力已經有很多年了，但是在很長的時間內無法做出荷葉那樣的表面。也就是說，人們找不到那麼疏水的物質可以使接觸角像水在荷葉表面上的那麼大。荷葉表面有着甚麼樣的秘密呢？

直到 20 世紀 70 年代，使用電子掃描顯微鏡，人們才逐漸明白荷葉高度疏水的原因。圖 13 是用電子掃描顯微鏡看到的荷葉表面。

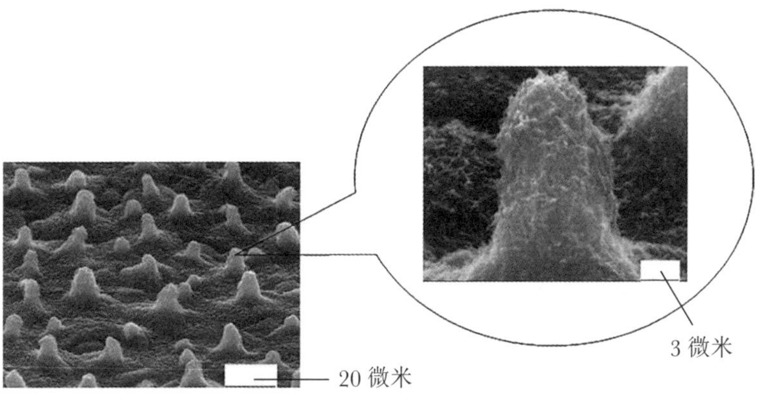

圖 13 用電子掃描顯微鏡看到的荷葉表面

荷葉表面原來非常粗糙！圖 13 照片上的標度是 20 微米（微米是千分之一毫米），也就是說，荷葉表面佈滿了大小在幾微米到十幾微米之間的突起。把這些突起繼續放大來看，可以發現每個突起上還佈滿了更小的突起或者說細毛。荷葉的超強疏水性原來不僅跟表面疏水性有關，還跟這種超微結構有關。

為甚麼這樣「粗糙」的結構就能產生超強的疏水性呢？我們來看圖 14。

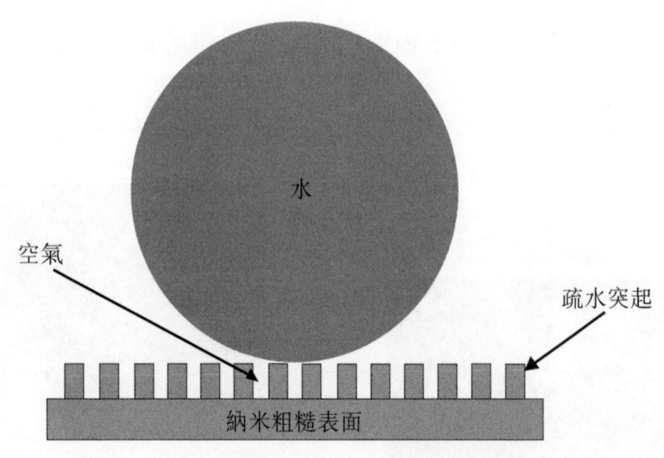

圖 14 納米粗糙表面的結構

接觸角的形成是減小整個體系總界面能的結果。對疏水的固體表面來說，當表面不平有微小突起時，有一些空氣會被「關到」水與固體表面之間，水與固體的接觸面積會大大減小。具體的數學推導在這裏就省略了，總之，科學家們可以從物理化學的角度用數學來證明：當疏水表面上有這種微細突起的時候，固體表面的接觸角會增大。

當接觸角不是特別大的時候，像圖 10 中的葉面上，水滴呈半球形，而半球形的水滴是無法滾動的。如果有了這種超微結構，像荷葉表面，接觸角接近 180°，水滴接近於球形，就可以很自如地滾動。即使葉子上有了一些髒的東西，也會進入水中被水帶走。這種接觸角非常大（通常大於 150°）的表面，就被稱為「超疏水表面」，而一般的疏水表面只要接觸角大於 90° 就行了。超疏水表面的特性就在於：水在上面形成球狀滾動，同時帶走上面的污物，這樣的表面就具有了「自清潔」的能力。

荷葉效應的應用——「自清潔表面」

自然界裏具有「自清潔」能力的超疏水表面除了荷葉還有

芋頭之類植物的葉子及鳥類的羽毛。這種自清潔能力除了保持表面的清潔，對防止病原體的入侵還有特別的意義。具有自清潔能力的植物，即使生長在很「髒」的環境中也不容易生病，很重要的原因就是擁有這種自清潔能力。即使有病原體到了葉面上，一下雨也就被沖走了；如果不下雨的話，葉面很乾燥，病原體還是生存不了。

明白了荷葉效應的物理化學原理，科學家們就開始努力模仿這種表面。有了正確的理論指導，應用研究的發明進展很迅速。現在，材料學家們可以通過表面處理生產這樣的超疏水表面，也可以用疏水的微米或者納米粒子做成塗料來生產自清潔塗層。具體的技術這裏就不介紹了，圖 15 是一個仿荷葉表面的例子，是不是跟前面圖中的荷葉表面非常相似？

圖 16 是水滴在這種材料表面的形狀。材料是相同的，右邊是光滑的常規表面，左邊是按照荷葉效應做出來的超疏水表面（仿荷葉表面）。在光滑表面上，水滴不會滾動，如果把表面傾斜，它只能滑動，不能有效地把表面上的污物帶走，而仿荷葉表面上的水滴接近球形，如果把表面傾斜，它就可以滾動，從而把表面上的污物帶走。

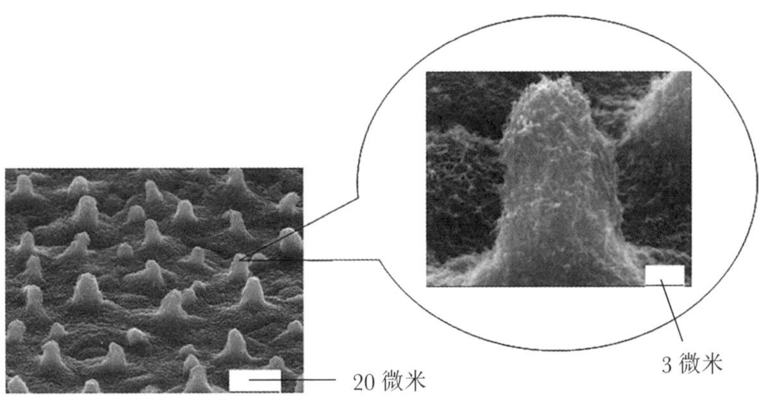

圖 15 仿荷葉表面

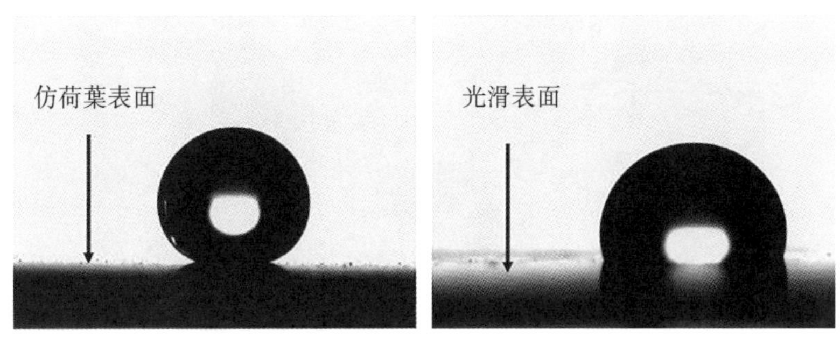

圖 16 仿荷葉表面上的水滴和光滑表面上的水滴

1997 年，「荷葉效應」一詞的英文「Lotus Effect」甚至被註冊成了商標。隨後的幾年中，基於「荷葉效應」的塗料問世，在越來越多的建築上得以應用。根據該公司自己提供的數據，現在已經有幾十萬座建築使用了這種塗料。圖 17 是效果圖，水滴滾過的地方，髒東西被帶走，留下了乾燥清潔的表面。

圖 17 建築表面的「荷葉效應」

在界面的世界裏，「兩面派」很可愛

人類社會中，我們把人分成好人和壞人，儘管絕大多數人介於好與壞兩種極端情況之間。還有一種人，他們在好人面前做好人，在壞人面前做壞人，我們叫他們「兩面派」。在自然界也有類似的情況，有些分子喜歡和水混在一起，被稱為「親水分子」，如普通玻璃表面上的分子；有些分子與水分子「不共戴天」，喜歡和油混在一起，被稱為「疏水分子」，如荷葉表面上的分子。如果說在靜電的世界裏，通行準則是「同性相斥，異性相吸」，那麼在界面的世界裏，通行準則就是「物以類聚，人以群分」或者「黨同伐異」。好在古典文化崇拜者們的科學知識比較有限，不然要去鼓吹「我們的祖先早就發現了靜電的規律和親水疏水的原理，並且進行了高度的概括」了。

就像好人和壞人是相對的一樣，親水和疏水也是相對的。或者說，親水和疏水也有着程度上的差別。強行把親水分子和疏水分子摁在一起，強扭的瓜不甜，亂點的鴛鴦要散，它們死活就是要分開。究其原因，前一篇已經說過了，界面張力過大，雙方都想回到故鄉和同胞聚在一起，結果就是拼命縮小界面。

自然界中存在着一類物質，我們稱其為「表面活性劑」，就是典型的「兩面派」。它們有一個親水的腦袋、一條疏水的尾巴。遇到親水物質，就把腦袋湊上去，說「你看，我們是親戚」；遇到疏水物質，就把尾巴擺過去，說「你看，我們長得挺像」。但是，自然界的物質明察秋毫，群眾的眼睛是雪亮的。當這樣的「兩面派」在水中時，水分子們說「我們倒是可以接受你的腦袋，但你那尾巴實在討厭」；在油或者其他疏水物質裏時，群眾就說「把腦袋藏起來就以為我們不認識你了嗎」。於是，極度鬱悶的表面活性劑到處不受待見，只好跑到界面上，把親水的腦袋向着水的這邊，把疏水的尾巴伸到疏水的那邊。這樣，最外層的水分子接觸的是「兩面派」的親水腦袋，疏水那面的最外層接觸的是「兩面派」的疏水尾巴。雖然不是同胞，但是總算不用和「不共戴天」的「仇人」待在一起了，那些分子也就不再拼命往裏擠，因此界面張力大大減小。而作為「兩面派」的表面活性劑，也不再受到雙方的排擠，總算有個安身立命之所。這大概也算得上是皆大歡喜。

我們知道，無論多牛的人，也無法用清水吹出泡泡。如果水裏有洗滌劑，就很容易吹出泡泡。無論是肥皂、洗衣粉還是沐浴露，其核心成份都是自然界的「兩面派」——表面活性劑。乾淨的水的表面張力高達 70 焦耳 / 平方米，使勁吹出個泡泡也會馬上破滅。如果在水中加入表面活性劑，表面張力就能夠輕易降到 5 焦耳 / 平方米以下，很容易吹出泡泡。一個泡泡的水膜雖然很薄，但是也有內外兩個表面，兩個面上都各有一層「兩面派」。最慘的是兩層「兩面派」之間的那些水分子，在「兩面派」當道的界面上，儼然是弱勢群體，很難有生存空間。泡泡在空中飄，水分子只能在重力的作用下往下流，最後泡泡的水層變得上薄下厚，形成了一個彎的三棱鏡。陽光透過三棱鏡會分成 7 種顏色，這就是沒有顏色的肥皂水能吹出七彩泡泡的原因。

如果「兩面派」太多，界面上擠不下的就只好在水中苦苦掙扎。當它們在水中的濃度很低時，就只能四處遊蕩，偶爾遇到一兩個同胞，想團結起來共同生存，也會很快被水分子們無意的衝撞破壞。當它們在水中的濃度比較高時，很容易找到同胞組織起來，疏水的尾巴朝裏，親水的腦袋朝外，形成一個圓球。這樣，當一個「兩面派」團體出現在群眾面前時，完全是一副親水的形象，不那麼招水分子的厭煩，也就獲得了生存的空間。如果有髒東西，比如餐具上的油污、衣服上的污漬等疏水的東西（所以用水洗不掉），「兩面派」分子們就如獲至寶，把尾巴插進污漬，形成一個親水腦袋向外的球體，而污漬就被包在球體內部，隨着水流離開了餐具或者衣服。這就是表面活性劑去污的原理（見圖 18）。

如果水中有可食用的油，「兩面派」也會把油滴包裹起來，形成我們通常所說的「乳液」。大家最熟悉的乳液是牛奶，不過那裏面的「兩面派」不是表面活性劑，而是蛋白質。相比表面活性劑，蛋白質的「兩面派」性質更加複雜也更加有趣。

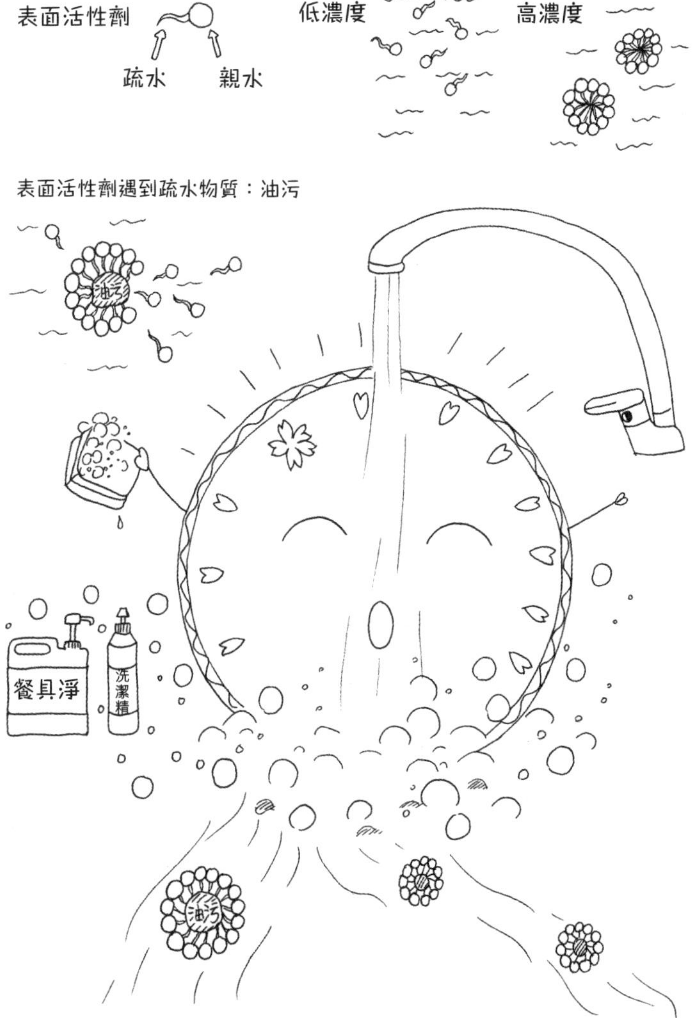

圖 18 表面活性劑去污的原理

從皂角到加酶洗衣粉

人類最初用皂角之類的東西洗衣服，肥皂的發明算得上是一大進步。作為一種表面活性劑，肥皂大大提高了去污能力。但是，水中的鈣、鎂等離子會與表面活性劑結合，不但讓被結合的表面活性劑失去作用，而且結合物本身也會成為新的沉積物。洗衣粉中除了表面活性劑，還加入了其他輔助成份，以增強洗滌效果。其中最重要的是磷酸鹽，磷酸陰離子與鈣、鎂離子的結合能力大大高於表面活性劑，它們的「捨生取義」保護了表面活性劑。因為磷酸鹽比表面活性劑便宜，所以在洗衣粉中加入磷酸鹽降低了洗滌成本，受到了洗衣粉生產廠家的歡迎。一般的含磷洗衣粉中，磷的含量在 10% 左右。

磷酸鹽本身對人類並無危害，之所以成為環境殺手，其實是因為它是植物生長的營養成份。在湖泊等水域中，生長着藻類。藻類的生長需要碳、氮、磷等主要營養成份。一般情況下，不會缺乏碳和氮，於是磷就成了藻類生長的限制因素。生活污水中含有的磷沉積到湖中，對藻類來説簡直是雪中送炭。1 千克的磷能長出 700 千克的藻類。很多洗滌劑中還含有漂白劑，通常含有氯元素，進入環境中也成為一種污染源。一般的表面活性劑，在高溫下的活性高，因此洗滌劑在熱水中的效力通常比較強，這也是洗衣服、洗碗用熱水更易洗乾淨的原因。

不難看出，洗滌劑中導致環境危害的物質都是保持洗滌效果的代價。要減少洗滌劑對環境的危害，就要在保持洗滌效率的前提下避免上述有害成份。無磷洗衣粉的出現是一種進步，這種洗衣粉通常使用不含磷的無機成份代替磷酸鹽與鈣、鎂離子結合，對於減少磷的環境危害，自然是成功的。但是這些替代成份進入自然界又造成其他的污染，所以説，簡單的替代磷酸鹽只是減輕了「民憤」大的污染，並不見得就完全消除了洗滌劑的污染。僅僅因其「無磷」就宣稱「綠色環保」也是不負責任的做法。

酶的引入是洗滌劑的巨大進步。首先，酶是蛋白質，進入自然界後會自然降解，不會留下危害。其次，酶的活性溫度比較低，不用太熱的水。一般而言，40℃是一個很合適的溫度。而通常的洗衣粉，人們要使用60-70℃的水。像北京這樣一個千萬人口的城市，如果洗衣粉的水溫降低20℃，那麼一年節約的能源大致相當於燃燒10萬噸煤炭產生的能源。雖然對於北京這麼大的城市，少燃燒10萬噸煤炭並不是很大的量，但是如果考慮到洗衣服只是生活中的一件小事，那麼這個量就比較可觀了。當然，我們還得考慮生產相應的酶所需要的能源。在生物技術高度發展的今天，生產那些酶所需要的能源只相當於燃燒幾百噸煤炭產生的能源。

酶的加入能夠提高洗滌能力，原因在於多數污漬是有機成份，如汗漬、奶漬、飲食等的主要成份是蛋白質、脂肪、澱粉成份，酶可以有效地分解這些成份。最早加入洗衣粉的酶是蛋白酶，後來澱粉酶、脂肪酶、纖維素酶也相繼被加入，從而使得加酶洗衣粉的效率大大提升。酶的作用也使得漂白劑、磷酸鹽等對環境有害成份的使用逐漸減少。

洗滌劑的發展方向是使用更好的酶，進一步降低活性溫度，以及減少對有害環境的成份的使用。目前，一些西方國家已經禁止了磷酸鹽的使用，也有公司在開發可在冷水中保持活性的酶。

蛋白質擺造型，可不是為了自拍

我們經常聽說「蛋白質結構」「蛋白質變性」，通常所說的「蛋白質結構」是指蛋白質擺出的空間造型，「變性」就是它們本來造型的改變。那麼，蛋白質如何擺出造型？又為甚麼要擺造型？這對人類有甚麼意義嗎？

搭出蛋白質的材料——氨基酸

要說蛋白質擺造型，不能不說氨基酸。氨基酸，顧名思義，就是帶了氨基的酸。在有機物中，一個碳原子通常有四隻「胳膊」，每隻可以抓一樣東西。氨基酸裏最核心的那個碳原子，一隻「胳膊」抓了一個羧基（羧基是一個碳原子上接了一個氧原子，以及一個帶着一個氫原子的氧原子），這個羧基使它稱為「酸」，跟醋被稱為「醋酸」的化學原因是一樣的；一隻「胳膊」抓了一個氨基，所以叫氨基酸；一隻「胳膊」比較低調，只抓了一個氫原子。所有氨基酸的三隻胳膊所抓的東西都是一樣的，而另一隻「胳膊」所抓的東西各不相同，這也是「同為氨基酸家族的一員，差距咋就那麼大」的原因。

可以說，不同氨基酸在化學結構上的差別只在於四隻「胳膊」中的一隻抓的東西不同，這個東西通常被稱為「側鏈基團」。側鏈基團雖然只佔了一隻胳膊，但其個頭有時候比這個氨基酸的其他部份加起來還大。氨基酸的性格也取決於這個側鏈基團。如果它疏水，這個氨基酸就被稱為疏水氨基酸；反之，如果它親水，這個氨基酸就被稱為親水氨基酸。當然，也有些側鏈基團奉行中庸之道，既不明顯親水又不明顯疏水。

當一個氨基酸碰到另一個氨基酸，一個會提供自己氨基上的氫原子，另一個會提供自己羧基上的一個羥基，即前面說的那個帶着一個氫原子的氧原子（「羥」這個字很有意思，各取了「氫」和「氧」的一部份，讀音差不多是這兩個字的反切音——前一個字的聲母加後一個字的韻母），合成一個水分子招待客人，而去了氫的氨基和去了羥基的羧基（叫作「羰基」，一個碳原子和一個氧原子）勾結起來，原來的兩個氨基酸就變成了一個大的分子，被稱為「二肽」。相應地，二者「勾結」的那個地方就被稱為「肽鍵」，而原來的兩個氨基酸則被稱為「氨基酸殘基」——各自缺了一部份，要搭幫才能生存。這跟人類社會差不多，不同的人要團結成一個整體，總是需要每個成員做出一些犧牲或者磨平一些棱角。這個二肽還有一個羧基、一個氨基，可以分別繼續「勾結」別的氨基酸。到最後，可以形成一長串的氨基酸。最小的蛋白質由幾十個氨基酸「勾結」而成，而大的蛋白質則由成百上千個氨基酸「勾結」而成（見圖 19）。

造型的產生——為了和諧

這樣的一串氨基酸殘基，被稱為蛋白質的一級結構。也就是說，它告訴我們這個蛋白質含有哪些氨基酸，這些氨基酸是怎樣連接的。被連在一起的氨基酸殘基難免與其鄰居形成各種

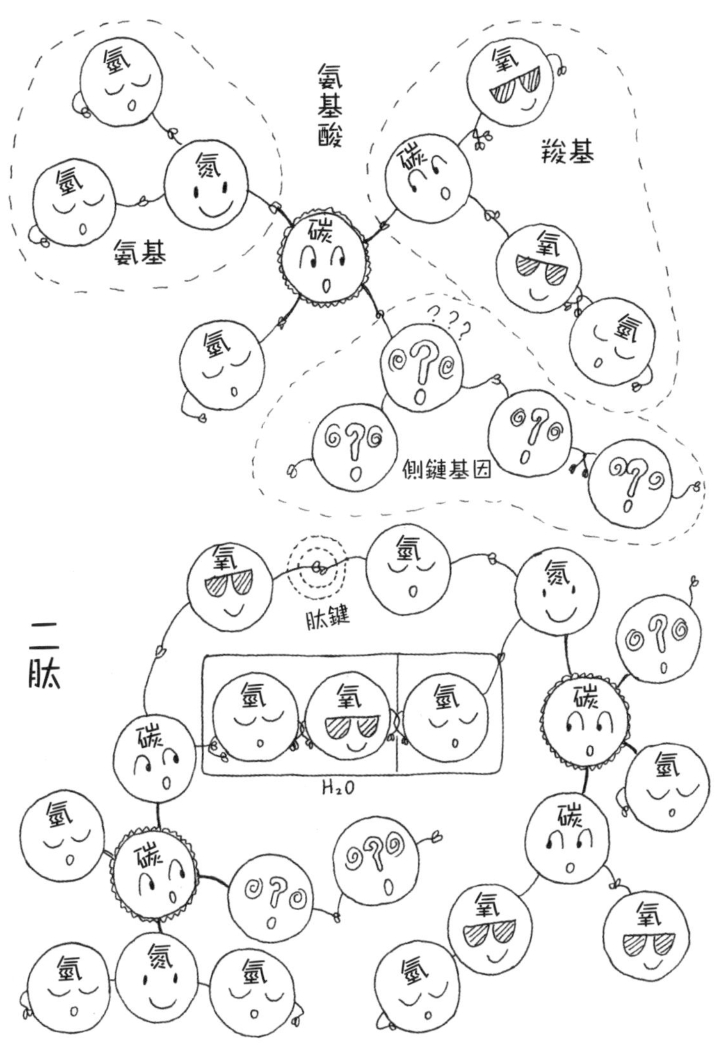

圖 19 氨基酸的組成

註：圖中 H_2O 為水的化學式。

各樣的鄰里關係。有的地方形成一個彈簧似的形狀，叫作「阿爾法螺旋」，是一種比較穩定的鄰里關係；有的地方形成類似上下折疊的樣子，叫作「貝塔折疊」；有的地方形成一種直接拐彎的樣子，叫作「轉折」。這些都是有序的結構，類似鄰里之間有不同程度的聯繫。螺旋是一種很緊密的聯繫，就像中國傳統社會，早上誰家的雞下了個雙黃蛋，中午就傳遍了全村。氨基酸序列上還有一些部份就像現代社會，鄰里之間雞犬之聲相聞，老死不相往來，同一單元住了幾年還是不知道隔壁的男女是夫妻還是父女。這種結構叫作「無規捲曲」。這四種鄰里關係的結構在蛋白質科學上被稱為「二級結構」，通俗地説就是鄰里之間的關係。

氨基酸殘基之間的連接雖然很緊密，但還是可以在一定範圍內轉動。不難想像，幾十上百個殘基都有一定的活動範圍，總體來看那些相距較遠的殘基還可以通過一定的作用力互相接近。疏水作用是最常見的一種，那些疏水的殘基因不喜歡外界的水而互相靠近，而那些親水的殘基則使勁往外擠去尋找更多的水。另一種重要的作用力是靜電力，有的側鏈基團是帶電的，同性相斥、異性相吸的作用也造成序列上相距較遠的氨基酸殘基發生排斥或吸引。由於受到身邊鄰居的牽連和空間距離的限制，這些作用力最後會達到一種合適的平衡。總的來說，這種關係是基於大家高興而存在的，沒有太強的利益關聯，也不是很緊密。就像網絡上的一群人，出於共同的愛好經常來往，探討一下共同感興趣的問題。由於空間上的限制，這群人的聯繫很鬆散。有的氨基酸含有硫原子，如果遇上另一個也含有硫原子的氨基酸，這兩個硫原子就可能發生很緊密的聯結。這種相互作用遠比疏水或靜電作用強烈，被稱為「二硫鍵」。

這幾種遠距離作用使氨基酸殘基在空間裏排列組合，再加上空間上的限制和鄰居的牽絆，最後會形成一個穩定的空間結構。這種結構被稱為蛋白質的「三級結構」。兩個或者兩個以上具有三級結構的蛋白質結構還可能組合成更大的結構，稱為蛋白質的「四級結構」。

總的來說，蛋白質的氨基酸就像積木塊，其一級結構確定了它們按照甚麼順序連接起來，二級結構決定了它們的鄰里關係，三級結構則是為了讓它們處於一種和諧舒服的狀態而擺出的造型，而四級結構就類似於兩個或兩個以上造型的組合。

蛋白質擺造型的意義——結構決定功能

自然界有數不清的蛋白質。到 2006 年，蛋白質數據庫 PDB 裏已經有 4 萬種造型被搞清楚的蛋白質，而這一數字還在以越來越快的速度上升。此外，還有無數個人們知道其存在卻不知道它擺的是甚麼造型的蛋白質。至於人類還不知道的蛋白質，就更無法估量了。

就像人的長相一樣，每種蛋白質的造型都各不相同，即使是一卵雙生的兄弟，也有細微的差別。蛋白質擺出各種造型當然不是為了照相或者裝酷。蛋白質是最重要的生命物質，生物體靠它們進行各種各樣的生命活動，這些活動的進行最關鍵的一步就是靠近「行動目標」。比如，一個蛋白質要解毒，必須擺出一個「陷阱造型」把毒素裝進去；一個蛋白質要清除自由基，也得擺出一個造型來正好把自由基抓住。很多蛋白質是催化某個生化反應的酶，通常的作用方式就是擺出一個像「鎖」一樣的造型，正好讓被催化的反應物做「鑰匙」。一般一把鑰匙開一把鎖，只有那種特定的反應物才能進入這個酶構成的「鎖」，從而發生反應。否則一個酶逮誰滅誰實在很危險，比如本來是要讓它殺癌細胞的，結果一路殺將過去，把正常細胞也殺個乾淨。不過也有的蛋白質造型比較牛，除了做自己最擅長的工作，還能客串一下把類似的東西也幹掉。還有一些酶擺的是最普通的造型，只要底物差不多，就照單全收。最典型的就是消化酶，比如澱粉酶，不管你吃的是甚麼澱粉，它都一概分解，蛋白酶不管甚麼蛋白也都一概切開。

人類為甚麼關心蛋白質的造型

人類進行的許多科學研究主要是為了滿足好奇心。世界各國紛紛花費巨額經費來研究蛋白質的造型，顯然不屬此列——其中有着很大的「功利」性原因。

如果一種蛋白質能夠治療某種疾病，那麼我們通常需要把它提純，很多情況下，熟吃、生吃、蘸了醬吃都不能起作用，需要注射。而從自然界的東西中提純蛋白質實在是一件很費勁的事情，想想一種東西有那麼多的成份，你想要的蛋白質怎麼會乖乖出來？如果純度不夠高，或者殘留了一點兒致命的雜質，注射進血液裏，可能把舊病治好了，卻又造成了新病。而且在提純過程中還要小心輕放，不能磕、不能碰，搞不好把造型破壞了就沒有用了。

因此，現代醫藥生產喜歡把控制蛋白質合成的基因弄出來，放進細胞裏，培養細胞來生產該蛋白質。如果在該蛋白質上加個標籤而不影響其造型的話，就可以用該標籤來點名，輕易地把這個蛋白質和別的蛋白質分開，從而大大降低生產成本。比如，人們經常在某個蛋白質的頭上加上 6 個連續的組氨酸，在細菌合成這個蛋白質之後，把細菌打成漿，去掉殘渣，讓「細菌汁」通過一層特定材料做成「樹脂」。那種材料專門拉住那 6 個組氨酸不讓走，而讓別的東西都能通過。然後再拿一些樹脂材料更喜歡的東西去「洗脱」，那層固體立刻「喜新厭舊」，就讓需要的蛋白質下來了。這樣的提純操作就要簡單多了。現在，許多醫藥、食品及其他工業用的酶就是這麼生產出來的。

但是，有的蛋白質被寵壞了，要借助生物體中別的東西才能擺出正確的造型。這樣的蛋白質在細菌中合成出來的話就只有正確的氨基酸序列，而沒有正確的造型，也就不能勝任它們的工作。要有正確的造型，就只能放到動物細胞中去生產。而動物細胞比較嬌氣，養起來成本更高，因而生產出來的蛋白也就比較值錢了。

如果只是這樣的話，那麼搞清楚蛋白質的造型還不是那麼重要。畢竟，不知道它們的造型也可以做上面的這些事情，只要每一步都把蛋白質拿出來試試還能不能完成它的工作就行了。研究蛋白質造型更重要的意義在於可以按照需要改造和設計它們。比如，一種蛋白質能治病，通常只是其造型中的一小塊在起作用。知道了那一小塊的情況，就可以把其他湊熱鬧的部份去掉，只生產有用的那一小塊。個頭越小，在醫藥上的使用就越方便。再如，某種酶只能在某個溫度下工作，在別的溫度下就失去了功效。如果我們搞明白了它起作用的那個造型和導致造型改變的氨基酸，就可以給它做各種手術，在保證造型不變的前提下把「不穩定因素」替換掉，那麼這種酶就可能在其他的溫度環境中保持戰鬥力了。

蛋白質造型也有不重要的時候

許多人都知道，蛋白質變性就是在某種條件下蛋白質擺不出正確的造型了。經常有人說「……會導致蛋白質變性，影響營養價值」，忽悠人的廣告也說「×× 食品運用高科技手段，保留了蛋白質活性」……

絕大多數的蛋白質在高溫下都會失去本來的造型，也就是變性了，但人們吃蛋白質是為了獲取氨基酸，所有的蛋白質到了肚子裏，絕大多數都被分解成了單個氨基酸，只有極少一部份能保留幾個氨基酸而成為「多肽」。人體只需要這些積木的塊，到了體內再重新連接，重擺造型。因此，是否保持本來的造型，在營養上一點兒意義都沒有。

我們吃的絕大多數蛋白質食物，本來就需要它失去本來的造型而變成美食。比如豆漿中的蛋白質，被加熱後失去本來的造型，又被加入凝固劑促使它們「手拉手、肩並肩」，最後變成了豆腐。至於奶粉之類的食物，本來就經過了高溫乾燥，早就「變性」了。進一步加工的牛奶蛋白質則更慘，不僅失去了空間造型，還可能被一種叫凝乳酶的蛋白質攔腰砍開，再連接起來成為奶酪。

蛋白質是超級「兩面派」

正如前文所說，疏水的氨基酸傾向於藏在蛋白質的內部，而親水的殘基露在外面，形成一個緊密的近似球體。但是，受空間的限制和鄰居的牽絆，還是有些疏水殘基留在分子表面。這樣，在蛋白質的分子表面同時存在着親水的部位和疏水的部位。疏水部位的存在，使得這些蛋白質分子就像表面活性劑一樣，有着兩面派的性格。而這種兩面派的性格還不是一成不變的，在外界環境的影響下，蛋白質的空間結構遭到破壞，內部的疏水殘基顯露出來，整個分子的兩面派傾向就會發生改變。這也是蛋白質的乳化性質比較複雜的原因。還有一些蛋白質，結構比較特殊，整個分子缺乏有序結構，以無規捲曲為主。而疏水殘基和親水殘基相對比較集中，整個分子就像個大的表面活性劑。牛奶中就具備這兩種類型的蛋白質。

牛奶的秘密，其實行業內都知道了

所謂秘密，就是人們不知道的東西。科學家對牛奶進行了多年研究，直到現在還有人在孜孜不倦地尋求新發現。其實從某種程度上說，牛奶家族已經沒有甚麼大秘密了。這雖有侵犯隱私之嫌，但誰讓牛奶被人類惦記上了呢？自然界的東西，不怕人偷，就怕人惦記。一旦被人類惦記上，科學家們就興奮不已，不查個底朝天不會罷休。

牛奶是由脂肪構成的。脂肪在水中被蛋白質包裹，分散成小顆粒。這些小顆粒之所以能穩定存在，是因為蛋白質起着

「兩面派」的作用。光照到那些小顆粒上，發生散射，牛奶就呈現出「乳白色」。至於光散射如何發生，為甚麼是乳白色，這裏就不討論了，還是回到我們關心的牛奶上。

牛奶中，脂肪佔4%左右，蛋白質大概佔3%，另外還有5%左右的乳糖，以及維生素、礦物質等。糖的適應能力比較強，能和水相處融洽，和脂肪也就不怎麼來往。蛋白質分子中有一部份活動能力強的能夠搶佔脂肪和水的界面，找到自己的安樂窩，而其他分子在界面上找不到落腳之處，只好待在水裏。

話說牛奶裏有兩種蛋白。一種叫酪蛋白，長得極具個性。酪蛋白其實是一個家族，有好幾個兄弟，所有兄弟身上的疏水氨基酸和親水氨基酸都相對比較集中，因此會形成疏水的部份和親水的部份。在水中，親水部份伸展，跟水分子們混得很熟；疏水部份則聚在一起，很不受水分子待見，能夠在水裏待着全靠親水部份。總體來看，酪蛋白就是一個巨大的表面活性劑分子。另一種叫乳清蛋白，也有許多家庭成員。它們身上的疏水氨基酸和親水氨基酸差不多均勻分佈。在前文中說過，互相牽制的結果是形成了一個近似球形的結構。疏水氨基酸在內，親水氨基酸在外，而有一些疏水氨基酸和待在外面的親水氨基酸距離太近，被牽連的結果是只好很不舒服地待在外面。這樣的分子就是一個表面親水的球體，上面打了一些疏水的補丁。

當脂肪被分散在水裏的時候，蛋白質們就紛紛游到脂肪表面去搶佔地盤。酪蛋白身材苗條，疏水氨基酸集中，因此爆發力強、游得快；乳清蛋白胖乎乎的，疏水氨基酸雖然多，但是藏在內部的那些幫不上忙，表面的那些又勢單力薄，因此整個分子游起來慢。到最後，脂肪表面基本上是酪蛋白。自然界從來只相信實力，誰讓人家游得快呢？

酪蛋白是目前食品工業領域最好的蛋白質類型的乳化劑（當然，其蛋白質品質也很好）。一方面，它們游得快，能夠有效地減小界面張力，把脂肪分散到水中。另一方面，界面上的那些酪蛋白把疏水部份伸到脂肪裏，親水部份伸到水裏。因為親水部份很長，頗有點兒「長袖善舞」的樣子，所以當另一個脂肪顆粒靠近的時候，各自身上的長袖就難免磕磕碰碰。為了安全，兩個顆粒只好保持一定距離，因此酪蛋白這種身材有利於脂肪顆粒的穩定存在。其實乳清蛋白如果能到達脂肪表面的話，就可以起到乳化劑的作用。可是它們缺乏酪蛋白那樣善舞的長袖，脂肪顆粒容易互相靠近，形成小團體，對於形成均勻的牛奶比較不利。

天然牛奶中脂肪顆粒很大，平均直徑有幾微米。一微米等於千分之一毫米，雖然對我們來說可能已經很小了，但在界面世界裏，一微米是很大的。因為脂肪比水輕，直徑幾微米的脂肪顆粒在水裏，浮力將會佔優勢，所以脂肪顆粒會不斷往上浮。天然牛奶放置幾個小時就會分層。此外，天然牛奶裏有一些可能致病的微生物，除非擠出來的奶馬上喝，否則那些微生物會快速生長，致病概率大幅上升。

現代化的牛奶生產不可能現擠現喝，一定會歷經儲存、運輸、分銷等過程，否則未經處理的牛奶到達消費者手裏時肯定已經壞了。最基本的處理是高壓均質化和滅菌。生牛奶經過高壓均質化處理，脂肪顆粒會減小到原來的 1/10 左右，相應地，牛奶的分層速度會減緩至原來的 1/100 左右。因此，有些廠家會在某些牛奶產品裏加入增稠劑，不僅可以增加牛奶的黏度，還可以減緩牛奶的分層速度。增稠劑通常是一些多糖類的化合物，也是食品原料。天然成份的牛奶黏度是很低的，廠家用增稠劑增加黏度的做法不僅是為了增加穩定性，也是為了讓它們更受人歡迎，因為黏度高的牛奶看起來好像要濃一些，有的人喜歡「黏」的口感。

因為牛奶本身是很適合微生物生長的環境，所以滅菌對於儲存就極為重要。現代化的滅菌方法有兩種。一種方法被稱為巴氏滅菌法。各個廠家的操作方法雖不完全相同，但通常是將牛奶加熱至 70℃以上，持續十幾至三十秒。這種方法能夠較大限度地保持牛奶中的成份不被破壞。但是這種方法滅菌不完全，產品仍然需要保存在冰箱裏，而且放不了多長時間。一般而言，超過兩週，大量細菌可能就長起來了。另一種方法被稱為「超高溫熱處理」，比如將牛奶置於 140℃高溫下處理一兩秒。這種方法滅菌很完全，產品放上幾個月也沒問題，也不會破壞牛奶中的主要成份。

按照牛奶的主要成份比例，把純的原料配在一起進行乳化，也可以得到「勾兑牛奶」，這樣的奶幾乎是沒有味道的。換句話說，其實「奶味」並不是奶的主要成份帶來的。天然牛奶的味道受奶牛食物的影響很大。傳統的吃草的奶牛，所產奶的奶味會濃一些，但是這種味道缺乏一致性，這頭牛的奶味跟那頭牛的可能不同，一頭奶牛今天的奶味跟明天的也可能不同。這在現代化工業生產中是不可接受的，因此，現代化的牛奶農場需要餵標準化的飼料，以保證牛奶的質量穩定。否則，從超市買回的牛奶，今天的味道跟昨天的不同，會讓消費者無所適從。

牛奶家族的旁系親屬

前文說了牛奶的各方面情況，我們再說說出身牛奶家族但是自立了門戶的幾種主要食品。

奶油與脫脂奶

前文說過，天然牛奶的脂肪顆粒很大，容易分層。奶油就是分出來的被蛋白質包裹着的脂肪顆粒。如果用離心工藝的話，奶油就更容易被分離出來。分離了奶油，剩下的液體就是脫脂奶。脫脂奶中雖然沒有脂肪，但是還有酪蛋白，大量的酪蛋白沒有在脂肪表面搶到地盤，只好無奈地待在液體中。酪蛋白被人類惦記上的原因是它的獨特結構，它的分子沒有三級結構，疏水氨基酸和親水氨基酸分別集中在一起，像一個巨大的表面活性劑分子。因為疏水部份不受水分子歡迎，處處受到排擠，所以當水中的酪蛋白很多的時候，幾個酪蛋白的疏水部份也會湊在一起，讓親水部份朝外，避免與水分子接觸。這樣，這些酪蛋白分子就形成了一個小集團，可以像脂肪顆粒一樣「忽悠」照在它們身上的光線，從而呈現「乳白色」。這樣的能力是別的食用蛋白所不具備的。否則，脫了脂，剩下的蛋白質溶液就不能呈現「奶」的樣子了。

分離出來的奶油可以進一步脫水，變成「重奶油」，也可以用奶稀釋，變成「輕奶油」。總之，我們只要改變奶油的含水量，就可以得到不同性質的奶油。

全脂奶含有大約 4% 的脂肪，脫脂奶不含脂肪。如果把分離出來的奶油再加回去，就可以得到脂肪含量不同的低脂奶，如 1% 脂肪、2% 脂肪的牛奶。很多香味物質和維生素是溶解於脂肪中的，脫脂之後，那些味道也會失去，這就是脫脂奶沒有全脂奶「好喝」的原因。

奶酪

奶酪經常被叫作「芝士」或者「起司」等比較洋氣的名字。傳統的奶酪製作方法是先用乳酸菌發酵，等到牛奶變酸，再加入一種從牛胃裏分離出來的叫作凝乳酶的蛋白質（希望這不會影響大家的胃口，其實從牛胃裏分離出來的凝乳酶跟牛胃沒有甚麼關係，很乾淨的）。凝乳酶是一種很有趣的蛋白質，它的作用是把酪蛋白在一個特定的位置切開。酪蛋白分子被切的地方是疏水部份和親水部份的中間，於是得到了一段親水的、一段疏水的。親水的那段會自由自在地在水裏玩；而疏水的那段到處受到水分子的歧視和排斥，沒有了親水的那段罩着，日子不好過，就到處尋找同伴，四處串聯。因為牛奶中的酪蛋白本來就比較多，所以這些疏水的酪蛋白片段就互相牽手組成了「一張無邊無際的網」，輕易地把那些脂肪顆粒「困在了網中央」。那些被困的脂肪顆粒和酪蛋白構成的網一起形成了固體，分離出來後就是奶酪。奶酪的味道、口感跟這些操作過程中的每個條件都有關，所以不同公司生產出來的奶酪味道不同，而這些操作條件也就成了各自秘而不宣的配方。

將牛奶發酵主要是為了讓其變酸，現在有一種讓牛奶變酸的方法是直接加有機酸，這樣就無須發酵了。不過這樣生產出來的奶酪品質不高，只是成本低而已。至於凝乳酶，從牛胃裏提取畢竟是件很麻煩的事情，基因工程技術的發展使得人們用細菌也可以生產出同樣的物質，凝乳酶的獲取倒是變得更容易了。

有的公司把奶酪宣傳成「濃縮牛奶」，說是 1 斤奶酪來自 10 斤牛奶，給人一種奶酪是牛奶精華的感覺，所以價格很高。說 1 斤奶酪來自 10 斤牛奶可能沒有問題，但奶酪的高價是否物有所值，需要跟 10 斤牛奶相比呢？其實，奶酪的成份跟牛奶還是有很大差別的，1 斤奶酪來自 10 斤牛奶，並不意味着 1 斤奶酪的營養成份等同於 10 斤牛奶的營養成份。奶酪的魅力在於它獨特的口感和風味，以及豐富的營養，完全沒有必要把它鼓吹成一種神奇的「補品」去忽悠消費者。

奶粉和蛋白粉

把全脂牛奶中的水份蒸發掉，得到的是全脂奶粉；把脫脂牛奶中的水份蒸發掉，得到的是脫脂奶粉。二者的差別顯而易見，全脂奶粉中含有大量的脂肪顆粒，而脫脂奶粉中全是蛋白質。

在奶酪形成的過程中，酪蛋白和脂肪變成了奶酪，剩下的溶液叫作「乳清溶液」。以前這部份是廢液，處理方式是倒掉，後來人們對其成份進行研究，發現其中的蛋白質也有非常好的性質。從營養的角度說，這些漏網的球形蛋白和酪蛋白一樣，也是質量得分為 1 的優質蛋白。從功能的角度說，它們的溶解度、乳化性能和起泡性能也非常好。這些球形蛋白被命名為乳清蛋白，也是若干種蛋白質的總稱。

於是，經過科學家們一折騰，廢液就成了寶貝，乳清溶液中的乳清蛋白被分離出來，成了一種優質的食用蛋白。在配方食品中，它是一種很有用的原料。商家把這種蛋白包裝成保健品，價格也就隨之翻了幾番。其實，不管是酪蛋白粉還是乳清蛋白粉，都沒有比脫脂奶粉更優越的地方。當然，有的公司在其中加入其他成份，讓消費者體會到某種神奇的效果，也不是難事。就像人們在饅頭裏加入一些感冒藥，就可以說它們是能治感冒的「神奇饅頭」。這種商業運作上的貓膩，從來都是各有神通。

酸奶

酸奶是奶被乳酸菌發酵的產物。在發酵過程中，乳酸菌將乳糖轉化為乳酸，牛奶中的酸度就會升高（即 pH 值下降）。蛋白質分子表面所帶的電荷會隨着 pH 值的變化而變化。對牛奶蛋白來説，當 pH 值下降時，所帶的電荷就會減少直至沒有，電荷產生的排斥力也就隨之越來越弱，蛋白質分子互相吸引靠近的趨勢就會越來越強。到最後，大量的乳糖轉化成了乳酸，牛奶中的 pH 值也降低了很多，蛋白質分子之間的疏水基團互相連接起來，形成一個巨大的網絡。這個「蛋白質網絡」把乳糖、水、脂肪顆粒都「網」在其中。宏觀看來，就是奶變得很「黏」，而且「酸」了。現在市場上的酸奶中，經常還會加入糖、增稠劑、甜味劑等來改善風味和口感。

黃油

黃油在化學組成上與奶油沒有本質區別。當奶油中的水越來越少時，在外力的作用下，脂肪顆粒紛紛破裂，連成一片。而水成了少數派，蛋白質依然待在脂肪和水的界面上。只是這個時候分散的是小水滴，連在一起的是油。奶油看起來像濃縮的奶，而黃油則更像油了。可以這麼說，黃油和奶油的基本組成是一致的，只是奶油是油滴在水裏，而黃油是水滴在油裏。

煉乳

煉乳很簡單，把牛奶用真空蒸發工藝去掉大量的水，剩下大約初始體積的 1/4，再加入大量的糖。

寫了這麼多，其實就想說明一個觀點：牛奶家族所有成員的主要營養成份差別並不大，在消費的時候不要輕信那些半真半假的宣傳，根據自己的口味買便宜的種類就行了（注意：是便宜的種類，不是便宜的產品，奶酪和酸奶是不同的種類，不同品牌的牛奶是不同的產品）。

毛巾吸水，曾經的永動機設想

當我們把一條乾毛巾的一端浸在水裏時，水會沿着毛巾往上走，那麼可不可以利用這個現象把水從低處吸到高處，然後收集起來呢？如果可以的話，就可以讓高處的水流下來發電，再沿着毛巾爬上去。如此往復，不用外加能源，就可以源源不斷地發電了。實際上，這是歷史上一個永動機的設想，當然未能成功。我們自然會問：水的確爬到了高處，為甚麼不能被收集起來呢？

讓我們先來看一個熟悉的實驗：把一根細玻璃管插到水

裏，水會沿着玻璃管上升，管子越細，水爬得越高。我們知道當管子中的水不流動的時候，各處的壓強是平衡的。圖 20（a）中 B 點的壓強應該和 A 點的相同，否則水就會從壓強高的點流到壓強低的點。而 A 點是與空氣相接觸的水面，壓強應該和空氣中的壓強相同。D 點是和大氣相連的空氣，壓強也應該和 A 點的相同。而挨着 D 點的水裏的 C 點，其壓強加上上升的那段水產生的壓強，才應該等於 B 點的壓強。繞了這麼一圈，一個有趣的結論產生了：D 點的壓強比 C 點的要大！

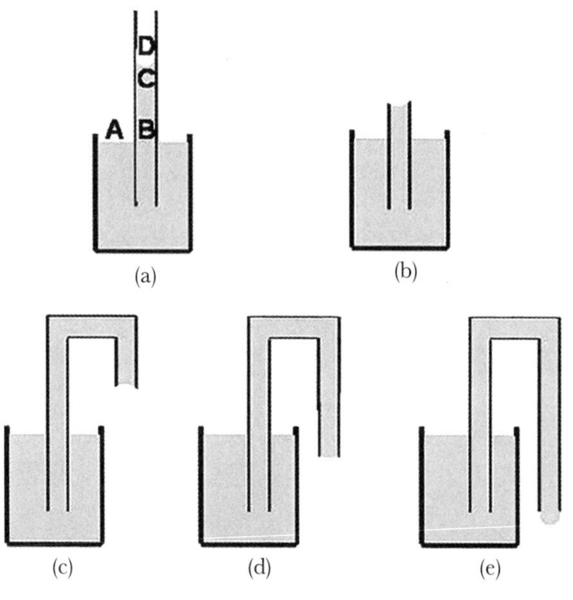

圖 20 吸水實驗示意圖

同是與空氣挨着的水中的點，為甚麼C點的壓強比空氣中的小，而A點的壓強和空氣中的一樣呢？如果我們仔細看A點和C點的液面，會發現A點的液面是平的，而C點的液面是凹的。在前面的〈通過山寨荷葉，科學家發明了自我清潔的塗料〉一文中講過，在固體、液體和氣體共同存在的地方，液體和氣體會去競爭佔領固體表面，最後妥協的結果就是形成一個接觸角。對乾淨的玻璃管來說，接觸角幾乎為0°，水在競爭中佔據絕對優勢，會往上爬。但是水自身的重力又拖着它往下跑。因此，靠近管壁的水分子在表面張力的作用下由下往上爬；而遠離管壁的水分子被重力拖着往下走，重力和表面張力妥協平衡的結果是在管內形成了一個凹的液面。

除此以外，我們找不到這兩個點的液面在其他方面的差異，於是我們可以猜想：當液面往下凹的時候，空氣一邊的壓強是不是會比液體一邊的大呢？

最初是一個叫托馬斯·楊的聰明人很完善地解釋了這個現象，上面的猜想確實是對的。於是，新的問題出現了：C點和D點的壓強相差多少？由甚麼決定呢？托馬斯·楊沒有從數學角度解決這個問題。多年以後，一個叫拉普拉斯的人運用他深厚的數學功底從數學角度推出了上面的結論，並且給出了一條公式計算凹面兩邊的壓強差。那是一個非常賞心悅目的推導，所用的物理基礎只是表面張力的定義和功與能之間可以轉換，差不多是初中物理的內容，而所用的數學知識也不超過我們今天的高中數學水平。那個證明只有一幅示意圖加半頁紙。結論看起來很簡單，對一個規則的曲面來說，內外壓強差等於表面張力的 2 倍除以曲面的半徑，即 $\Delta P=2y/R$。

如果曲面不規則的話，形勢就要稍微複雜一點兒。這條公式差不多是界面科學中最重要的公式了。本來托馬斯．楊完全有機會獨佔這個成果，可惜因其數學知識上的缺陷而把機會讓給了拉普拉斯。後人把這條公式叫作楊—拉普拉斯公式，甚至直接叫作拉普拉斯公式。

好了，前人栽好了樹，我們就來乘涼了，我們來看看那條公式能告訴我們甚麼。

首先，我們來計算水能夠爬多高。因為曲面產生的壓強完全用來把水吸到高處，所以那個壓強就等於上升的水柱產生的壓強。上升水柱產生的壓強等於水的密度乘以重力加速度乘以高度，而曲面產生的壓強由拉普拉斯公式得出（表面張力的 2 倍除以曲面半徑，當玻璃管洗得很乾淨的時候，曲面半徑接近於玻璃管的半徑）。除了水柱高度不知道以外，上面提到的數都是已知的。讓兩個壓強相等很容易算出水柱高度。比如，對於一根直徑為 1 毫米的管子，水可以爬到 29 毫米左右的高度；如果管子直徑只有 0.1 毫米的話，水就可以爬到 290 毫米左右的高度。

其次，我們從公式中可以看到，曲面半徑越大，曲面壓強就越小，當曲面越來越平，最後變成平面的時候，曲面壓強就為零了。再進一步，如果平面變成了凸面，是不是水一側的壓強就會大於空氣一側的呢？答案是肯定的。雖然在生活中不容易直接觀察到，但是用儀器可以很輕易地測量出來，而且壓強的數值跟用拉普拉斯公式算出來的一樣。這個現象可以用水銀觀察到，如果我們把玻璃管插到水銀中，水銀在管中的液面就是凸的，相應地，水銀不但不能往上爬，反而會往下鑽。

總的來説，如果水和空氣的界面是凹的，水一側的壓強就比空氣中的小；如果水和空氣的界面是凸的，水一側的壓強就比空氣中的大。曲面產生的壓強可以由拉普拉斯公式算出。

有了上面的知識，我們可以來分析毛巾吸水的問題了。從微觀結構來説，毛巾是由許許多多的毛細管組成的。這些毛細管粗細不一，互相連接。儘管如此，在吸水的時候遵循的還是毛細管的自然規律。為了簡化分析，我們用一根毛細管來代表毛巾，下面是吸水的幾種情況：

（1）毛細管很長，水上升不到毛細管口，上升高度由拉普拉斯公式算出，見圖 20（a）。這種情況下自然能吸水，但是流不出來。

（2）毛細管比拉普拉斯公式算出來的水柱高度要短，這種情況下，水爬到管口時液面會變得「平坦」，實際的曲面半徑要大於毛細管半徑，拉普拉斯公式中的半徑要用實際半徑，因此水爬到管口實現壓強平衡，也不會流出來，見圖 20（b）。

（3）毛細管彎過來，管口高於水平面。這種情況下，管口仍然是凹向水面，實際曲面半徑比毛細管半徑大，壓強平衡的情況跟圖 20（b）相同，水也不會流出來，見圖 20（c）。

（4）毛細管彎過來，管口低於水平面一些。這時液面是凸的，只要液面差產生的壓強不超過拉普拉斯公式算出的壓強，液面就會呈現比毛細管半徑大的曲面而實現壓強平衡。這種情況下，水也不會流出，見圖 20（d）。

（5）毛細管彎過來，管口大大低於水平面，用拉普拉斯公式算出的壓強小於液面差產生的壓強，管口的液面無論如何都無法實現壓強平衡，水只能往下滴落，見圖20（e）。

在〈如果太空裏有一團水，會是甚麼形狀〉一文中，是從分子運動的角度來分析的。應用拉普拉斯公式和水會從壓強高的位置流向壓強低的位置的原理（注意：太空裏沒有重力），可以從宏觀上來分析水的流動，也能得出不管水起始於甚麼狀態，最後都會成為球形的結論。

「大魚」如何吃「小魚」

前面說過，一種液體在表面活性劑的作用下可以分散到另一種它原本不溶解於其中的液體中。把氣體分散到水中，叫作起泡，比如泡泡浴；把油分散到水中，叫作乳化，比如牛奶。

那麼，如果水中的這些泡泡或者油滴大小不同，它們之間如何相處？

前文講過，當空氣和水的界面呈現凹面時，空氣中的壓強大於水中的。油是疏水的，跟空氣一樣，當油和水形成凹面的時候，油中的壓強大於水中的。現在考慮有一大一小兩個油滴做了鄰居，根據拉普拉斯公式，小油滴與水的界面兩邊的壓強差會比大油滴與水的界面兩邊的大，也就是說，小油滴中的壓強比大油滴中的大。油分子也喜歡無拘無束的生活，小油滴中的油分子覺得壓力大，發現附近有自由一點兒的天空，就偷偷地潛入水中，偷渡到大油滴裏。於是，小油滴變得更小，大油滴變得更大。小油滴中的油分子承受的壓力也就越來越大，而大油滴中的油分子卻正好相反，承受的壓力越來越小。結果，大油滴越來越大，小油滴越來越小，最後完全消失。只有油滴大到一定尺寸，拉普拉斯效應的影響很小了，才不會被吞併。古語說「兩大之間難為小」，強權旁邊的弱者早晚是要被吞併的。

在討論了伽利略那個鐵球實驗後，我們得出了一個結論：在界面的世界裏，伽利略的結論基本上是不適用的。界面世界裏盛行的是斯托克斯沉降的原則，個子大的跑得快。現在設想這樣的場景：一杯水裏有大小不同的油滴，因為油的密度比水小，所以油滴紛紛往上浮。大油滴跑得快，小油滴跑得慢。油滴們沒有交通規則，大油滴不停追尾，追了尾也不停下來，直接把小油滴附在身上往前跑。大小油滴親密接觸的結果是表面上合併了，但這種合併畢竟是事故造成的，它們各自還保留着自己的完整性，一旦受到衝擊，雙方就會分開。不過，在外人看來，它們畢竟已經合為一體，在它們之間的界面上表面曳力無法入侵，相當於各自所受的曳力都減小了。儘管同床異夢，合在一起還是比各自單獨跑的時候速度要快。

這裏我們沒有根據觀察與實驗，純粹是從已經得出的知識推導出「大魚」吃「小魚」的方式。如果我們推導出的結論不符合事實，那麼要麼是我們的推導出了問題，要麼是原來的知識出錯了。好在人們運用適當的儀器或技術，比如在顯微鏡下觀察，確實觀察到了上述現象，這反過來又證明了我們前面所講的知識是正確的。這種現象叫作「Ostwald ripening」（譯作奧斯特瓦爾德熟化）。而且，這種效應對於分散在水中的固體顆粒同樣成立，被稱為「重力導致的絮結」，是乳液產品中很不招人喜歡的現象。

水立方的靈感來自何處

看過國家游泳中心（又稱「水立方」）的人對圖 21 這兩張照片有沒有似曾相識的感覺？

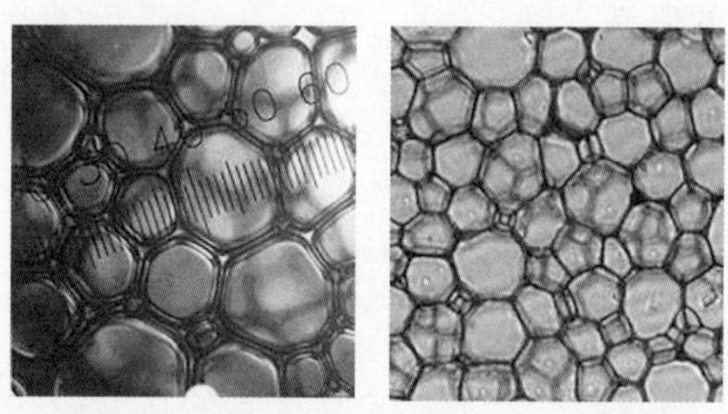

圖 21 顯微鏡下的泡沫照片，左邊是酪蛋白產生的泡沫，右邊是剃鬚膏產生的泡沫。

再看看水立方的照片（見圖 22）。

圖 22 水立方

沒錯，水立方的圖案就是圖 21 中的結構，圖 21 左圖中的泡泡比較大，含水量高一些，類似於雞蛋白打出的泡沫；右圖是剃鬚膏產生的泡沫，泡泡小，含水量低一些。大家可以想像，當水裏的泡泡比較少時，泡泡是圓的。當泡泡比較多時，就難免互相擠壓，所謂「摩肩接踵」大概就是如此。泡沫越「乾」，互相擠壓得越厲害，剃鬚膏產生的泡沫就已經被擠壓成多面體了。那麼，泡沫的含水量低到甚麼程度，泡沫會開始互相擠壓呢？簡單來說，我們可以想像很多乒乓球堆在一起，乒乓球的體積相當於泡沫的空氣含量。乒乓球體積以外的部份佔空間體積的比例就是泡沫開始互相擠壓的含水量。進行一番不算太難的立體幾何體積計算，可以得出這個含水量大致是 26%，通常低於這個含水量的才被稱為泡沫，高於這個含水量的則被稱為氣液混合物。

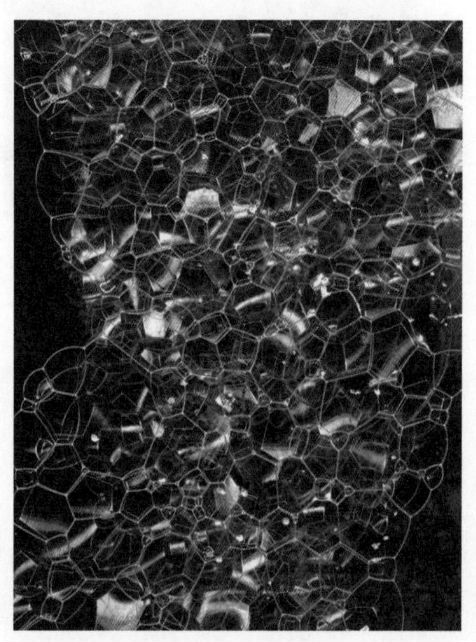

圖 23 泡沫的三維結構

圖 23 是泡沫的三維結構。大家在洗衣服或者洗泡泡浴的時候，不妨看看產生的泡沫是不是這個樣子。19 世紀，比利時有個教授叫作約瑟夫·普拉泰奧，他發明了原始的動畫裝

置，對人類電影的發明做出了奠基性的貢獻，後來「比利時的奧斯卡獎」就用他的名字命名——約瑟夫．普拉泰奧獎。他的主業是物理和數學，不過大概他沒事幹的時候喜歡看肥皂泡，看多了就得出了幾點結論：①泡沫中的每個面都是平滑的；②在泡沫中的任意一個面上，不同地方的曲率半徑是相同的；③總是三個面相交在一起，兩兩呈 120°角，後來人們把三面相交形成的邊界叫作普拉泰奧邊；④四條普拉泰奧邊的一端相交在一起，另一端的頂點形成一個正四面體結構，任意兩條邊呈 109.47°角。當然，這個角度不是看出來的，而是算出來的，他看出來的應該是這個角的餘弦是 -1/3。後來這幾點結論就成了泡沫研究中的基本定律，被稱為普拉泰奧定律，在泡沫研究中的地位類似於慣性定律在牛頓力學中的地位。

19 世紀末，英國著名的數學物理學家開爾文[3]提出一個問題：把空間劃分成相同體積的小單元，如何劃分所需要的界面最小？也就是說，甚麼樣的泡沫結構效率最高？因為自然界總是遵循最有效率的（或者說能量最低的）結構，這個問題實際上就是在問最好的泡沫結構是甚麼樣的。

3　開爾文（Kelvin），絕對溫度所用的 K 就是指他，一生科學成就無數。

開爾文自己提出的理想泡沫結構如圖 24 所示，泡沫由相同的十四面體組成，每個泡泡的 14 個面中有 6 個正方形和 8 個正六邊形。

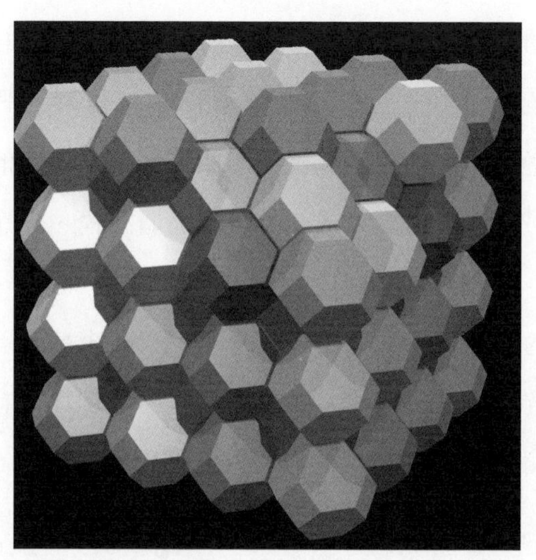

圖 24 開爾文設計的最佳泡沫結構

隨後的 100 多年，人們普遍認為開爾文的這個結構就是泡沫的最優結構。直到 1993 年，愛爾蘭的丹尼斯 · 威爾和羅伯特 · 費倫用電腦模擬泡沫結構，找到了比開爾文模型更好的結構，被稱為威爾—費倫結構（見圖 25）。這個結構由兩種相同體積的泡泡組成。一種是正十二面體，每面都是正五邊形；另一種是十四面體，其中 2 面是正六邊形，12 面是正五邊形。

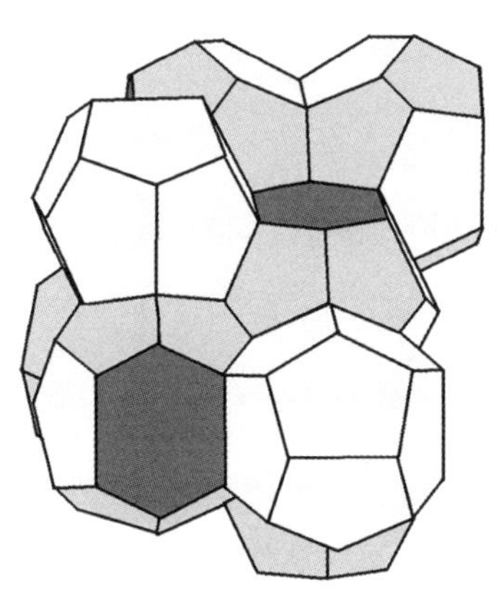

圖 25 威爾—費倫的泡沫結構

這樣的一種結構把空間劃分成相同體積的小單元，比開爾文結構所需要的界面少 0.3%。就是這 0.3%，花費了人類 100 多年的時間去尋找。而且，現在人們也無法證明這就是最優的泡沫結構，只能說「很有可能」是最優的。從某種程度上說，開爾文問題並沒有得到最後的答案。有興趣的人不妨自己設計一個泡沫結構，看看是不是比這個結構更有效率。

水立方的圖案就是採取了威爾—費倫的泡沫結構。

為甚麼泡沫都會破滅

有一句歌詞叫作「沒有不老的紅顏」，它其實等同於一個重要的科學原理——「熱力學」的結論是不可避免的。雖然女士們都不喜歡這句話（大家都喜歡「青春永駐」之類的詞），但是喜好和理想改變不了自然規律，「紅顏衰老」是無法改變的事情。不過，「沒有不老的紅顏」還有另一層面的意思，即「紅顏老去」是一個過程，而延緩這一個過程還是有可能做到的。用科學術語來說，這是一個「動力學」的問題。

總而言之，熱力學告訴我們事物會往哪個方向變化，會變成甚麼樣；動力學告訴我們這個變化的過程如何發生，甚麼因素決定發生的速度。對熱力學和動力學的認識，是可靠有效地改變事物的基礎。否則，想當然的誤打誤撞永遠只能是「經驗」，即使有效，也很容易以訛傳訛，「為自己的愚蠢買單」。

在界面科學裏，所有的泡沫和乳液都是要破的，這是由熱力學決定的。但是，人類希望不同的泡沫和乳液有不同的動力學特徵。比如，對於牛奶中的油滴，希望它們不分層，而做奶油的時候又希望它們盡快分層；對於卡布奇諾中的泡沫和咖啡伴侶中的乳液，希望它們白而穩定；對於蛋糕中的泡沫和火腿腸中的脂肪粒，希望它們能夠在加熱過程中不破，冷下來之後固化；對於冰淇淋，則希望裏面的泡沫細膩，而乳液有一定的穩定性，又不能太穩定。只有充份理解了這些泡沫和乳液產生及破滅過程的動力學機理，才可以找到省事而有效的方法來實現人們的希望。

人們有時候希望延緩泡沫的破滅，最典型的是卡布奇諾上的泡沫；有時候希望加速泡沫的破滅，比如煮豆漿的時候產生的泡沫。要讓泡沫按照人們的希望生存或者滅亡，不能依靠美好的願望或者臆想，而需要按照泡沫破滅的機理「對症下藥」。

當兩個泡泡靠在一起，互相擠壓時，誰也不會佔到便宜，最後是在中間形成一層水膜。如果三個泡泡擠到一起呢，三者交界的地方會形成一條邊，即普拉泰奧邊。實際的泡沫是大量泡泡擠在一起，最後沒有一個泡泡還能夠保持原樣，全都被擠壓成了多面體，而任意三個湊在一起的多面體都會形成普拉泰奧邊。

現在我們來仔細看看普拉泰奧邊的橫截面，放大之後就是圖 26 中的樣子。黑色部份是三個泡泡交界的地方，斜線部份是兩個泡泡所形成的水膜，圓弧內的白色部份是泡泡中的空氣。黑色部份和斜線部份實際上是連在一起的，只是斜線部份的表面是平的而黑色部份的表面是弧形。根據前面有一篇提到的拉普拉斯公式，在斜線部份，空氣中的壓強和水膜中是一樣的。在黑色部份，表面是凹向水中的，因此水中的壓強小於空氣中的。而同一個泡泡中各個地方的壓強是相同的（不然就起風了），所以這種形狀使得斜線部份的壓強大於黑色部份的，水膜中的液體不停地流到普拉泰奧邊裏，水膜也就越來越薄。薄到一定地步，水膜就破滅了。只要一面水膜破了，這個泡泡也就破了。

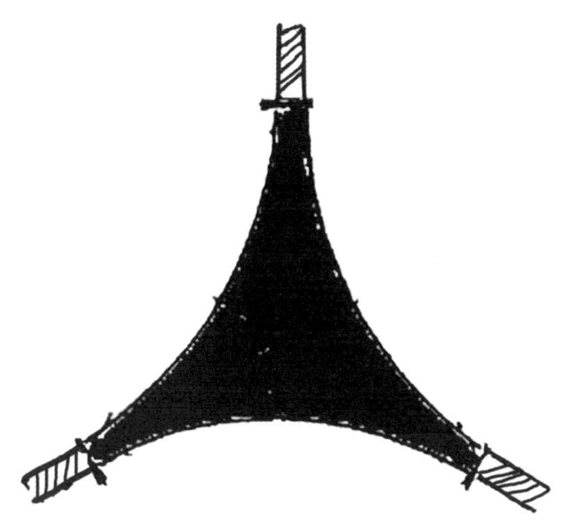

圖 26 普拉泰奧邊的橫截面

實際上，泡沫中都有表面活性劑的存在。表面活性劑待在水膜的表面上，它們深知「皮之不存，毛將焉附」的道理，拼命抵制水膜中的水流失。從物理的角度來說，兩個表面上的表面活性劑互相排斥，相當於減小了水膜中的壓強，從而實現了水膜中的壓強和普拉泰奧邊中的壓強的平衡。水膜不再進一步變薄，算是暫時避免了「膜將不膜」。

有人曾計算過水膜的體積和普拉泰奧邊的體積，發現一般泡沫中前者的體積不超過總體積的百分之幾。也就是說，泡沫中的水大部份都集中到了普拉泰奧邊中。按照普拉泰奧總結出來的定律，四條普拉泰奧邊會湊在一起形成一個節點，所有的普拉泰奧邊都通過這樣的節點互相連接，從而形成一個互相連接的網絡。網絡中的水在重力的作用下往下流，這就是為甚麼所有的泡沫都是上面變得越來越乾，而下面的水越積越多。這個過程就叫作泡沫的脱水。

再回到暫時逃過了滅頂之災的水膜。在表面活性劑的作用下，水膜暫時逃過了滅頂之災。要讓表面上的分子老老實實待着也不現實，總有些分子到處亂晃，結果就是水膜表面起起伏伏（俗話説無風不起浪，自然界總有各種擾動，「浪」總還是會起的）。水膜的兩個表面畢竟離得不遠，兩個表面都起起伏伏，起伏的方向總不可能是同一個方向的，只要有一個地方起伏得「針鋒相對」，兩邊的空氣就實現會師，這個水膜也就破了。

冰淇淋為甚麼那麼好吃

人類用冰來「鎮」食物的嘗試從公元前就開始了，世界各地也早就有了類似冰淇淋的東西。不過，真正意義上的冰淇淋直到 18 世紀才出現。在英語裏，「冰淇淋」（ice cream）是由「冰」（ice）和「奶油」（cream）兩個單詞組成的。最早的冰淇淋確實就是冰鎮的奶油，裏面也可能有一些糖或者水果。經過了兩三百年的發展，冰淇淋變得越來越複雜、越來越多樣。不過，對於冰淇淋為甚麼能成為冰淇淋，直到最近幾十年人們才有了比較深入的認識。這裏，讓我們一頭扎進冰淇淋的內部，看看裏面是一個甚麼樣的世界吧。

冰淇淋內部甚麼樣

走進冰淇淋的世界，首先看到的是四處飄散的氣泡，就像一個個氣球，佔據了一半以上的空間。這些氣泡大小不一，大的能到一百微米，小的也有一二十微米。在氣泡之間充斥着連續的固體成份，其中最引人注目的是一個個晶瑩剔透的冰粒，這些冰粒差不多能佔到固體成份的一半。它們的大小和氣泡差不多，支撐着氣泡互相遠離，比較均勻地分散在整個空間裏。

剩下的就是很黏的半固體狀的介質了，它們填充了氣泡和冰粒之間的所有空隙。挑一點兒嚐嚐，甜甜的，還有其他的香味，看來冰淇淋的味道就來自這些半固體狀的東西了。沒錯，它們主要是糖、高分子聚合物和蛋白質，我們喜歡的香草、草莓等香精也在其中。

如果我們看得仔細一點兒，還可以看到這些介質之中有許多小球。它們一個接一個地擠在一起，接壤的地方互相融合了，而其他地方還保持着自己的獨立性，就像糖葫蘆。不過在某個小球上可能又連出一串，到某個地方可能又和別的串接上了。這樣，這些小球就串成了一個巨大的網絡。這個網絡比冰粒更加有效地支撐起了氣泡，也使得半固體狀的介質難以自由遷徙，從而使整個冰淇淋的世界安定下來（見圖 27）。

冰淇淋如何形成

冰淇淋這種神奇的結構是如何形成的呢？我們先來看看冰淇淋的製作過程，再來分析為甚麼會形成這樣的結構。

冰淇淋最重要的原料是奶油，美國對於冰淇淋的產品製作規定是含有 10% 以上的奶油脂肪，好的冰淇淋可能高達 16%，還要有 10% 來自牛奶的非脂肪成份，主要是蛋白質和乳糖。其他的主要成份還有 10% 左右的糖和 5% 左右的糖漿，最後會成為冰淇淋中的半固體介質，產生細膩的質感。通常還會有少量的乳化劑來改善脂肪顆粒及最後的質感。

冰淇淋製作的第一步是把這些原料混在一起，加熱滅菌，也可以說是把這些原料煮熟。然後對其進行高壓均質化處理，奶油中的顆粒很大，高壓均質化的目的是把這些顆粒「打碎」。經過這一步，脂肪顆粒的大小從幾微米減小到了零點幾微米，相應的脂肪和水的界面增加了 10 倍左右。因為蛋白質喜歡待

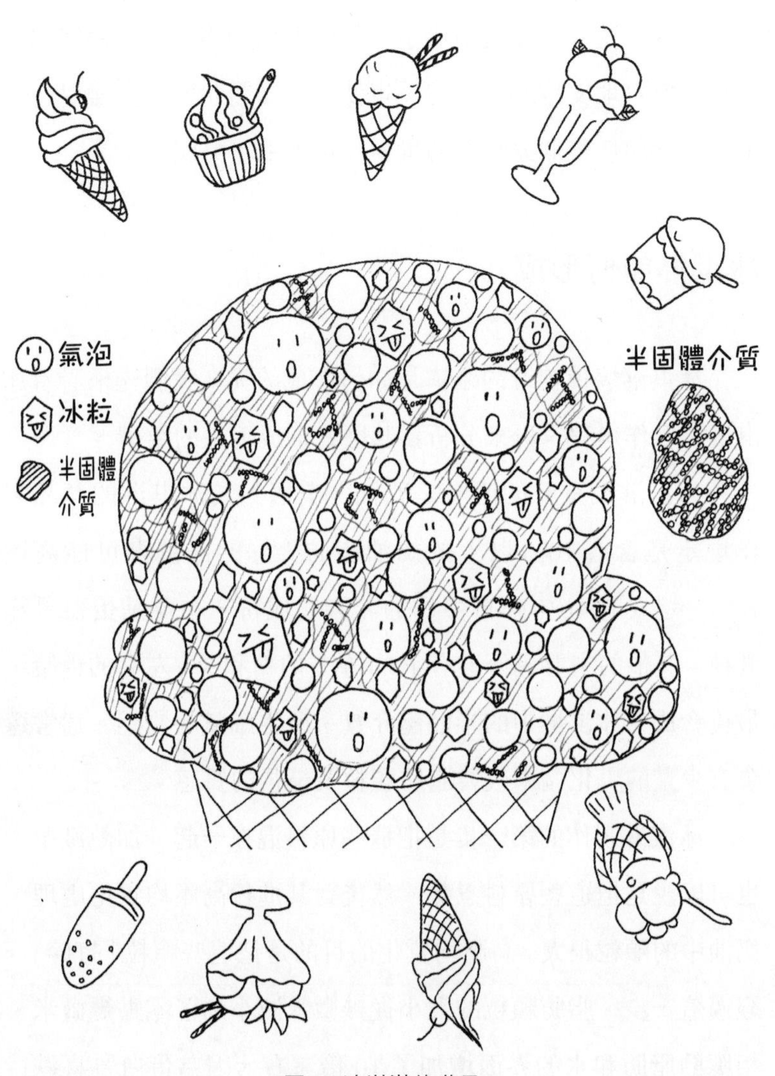

圖 27 冰淇淋的世界

在脂肪和水之間的界面上，所以脂肪和蛋白質的存在狀態都更加均勻，有利於產生細膩的質感。經過均質化的原料實質上是一種很黏的乳液。

第二步是放在冰箱中降溫幾個小時，在這幾個小時裏也給了其中的各種成份交流感情的機會。比如，乳化劑比蛋白質更加喜歡脂肪和水之間的界面。或許是蛋白質發揚風格，讓出了一部份界面；或許是乳化劑巧取豪奪，把一部份蛋白質趕出了界面。總之，在冰箱裏休息了幾個小時的原料混合狀態已經悄悄發生變化，脂肪顆粒的表面悄無聲息地被乳化劑佔領了許多。

第三步就是製作冰淇淋了。在冰箱裏休息夠了的原料混合物被加入一些香精、色素等，然後送入冰淇淋機。冰淇淋機的核心部件是一個溫度很低的表面，通常溫度在零下二三十攝氏度，原料混合物被慢慢攪拌着，冷卻表面上的原料很快被凍上了，然後被攪到中間。就這樣，不停地有原料被攪到界面上又被攪走，整個體系的溫度逐漸降低，也變得越來越硬。同時，大量的空氣被攪進去，被蛋白質、乳化劑及形成的脂肪網絡和冰粒固定下來。這樣，冰淇淋就做成了。商業生產的冰淇淋還要放在低溫下進一步硬化，然後再分銷。

冰粒是好是壞

冰淇淋的第一字是「冰」字，冰當然在其中起到重要作用。前面説了冰粒可以起到穩定冰淇淋體系的作用，但是太大的冰粒又會影響口感。有科學家做出了含有不同大小冰粒的冰淇淋，請大家品嚐，發現只要冰粒大到幾十微米，就能被很多人感覺到，也就覺得這冰淇淋不好吃了。因此，控制冰粒的大小是製作冰淇淋的關鍵。

從冰淇淋的原料組成來説，提高固體成份的含量，不管是脂肪、蛋白質還是糖、糖漿，都有助於縮小冰粒。這也很容易理解，固體成份多了，水就少了，自然就不利於形成大的冰粒。不過，固體含量的增加不可避免地將導致成本的提高，也更容易讓人發胖，以這種方式提高冰淇淋質量對於人們，尤其是生產廠家沒有甚麼吸引力。

科學家們的興趣在於在不改變原料組成的前提下縮小冰粒。經過大量的實驗，他們最終發現冰粒的大小主要取決於生產過程中產生的冰核的多少。如果冰核多，最後的冰粒就多而小；如果冰核少，最後的冰粒就少而大。而產生多少冰核，主要取決於冰淇淋機裏的溫度和攪拌方式。對某個特定的冰淇淋配方來說，會有一個特定溫度最容易產生冰核。而攪拌器的設計和操作也會影響冰核的形成。比如，增加攪拌槳的葉片數和加快攪拌速度都能增加冰核的數量，但是葉片數太多和攪拌速度太快又會導致摩擦產生的熱量增加，不利於降溫。在冰淇淋的發展史中，絕大多數時候人們只能通過反覆的實踐和經驗來摸索最佳條件。近幾十年人們對於冰淇淋的認識逐漸深入之後，才能有的放矢地設計實驗，從而使得尋找最佳工具和操作條件的工作事半功倍。

脂肪顆粒的錘煉

脂肪顆粒的變化在冰淇淋中非常的特別。脂肪顆粒在水中被稱為乳液，對於絕大多數的乳液產品，人們都希望其中的脂肪顆粒穩定存在。如果牛奶很快分層，甚至有油析出了，肯定就會被大家當作劣質產品。如果咖啡伴侶加入咖啡後就出現了一層油，肯定也賣不出去。這些分層和油析出的現象，都是乳液不穩定的結果。想要製作一個冰淇淋，卻要人為地讓乳液失去穩定性。

前文說過，我們希望脂肪顆粒變小以產生細膩的質感。

當脂肪顆粒變小的時候，產生了大量新的表面，蛋白質和乳化劑都會去佔據這些表面。蛋白質個頭大，力量足，到了脂肪表面還能聯手，因此產生的脂肪顆粒非常穩定。而乳化劑是小分子，機動靈活，每個犄角旮旯都能去，因此削弱表面張力的能力很強，佔據地盤的能力也很強。不過，它們力量比較弱小，對外來衝擊的抵抗力比較弱，產生的脂肪顆粒不穩定。

如果冰淇淋裏的脂肪顆粒很穩定的話，就會各自為政，互不理睬，很難形成前文所說的網絡結構。當經過均質化的原料混合物在冰箱裏休息時，大量的乳化劑小分子佔據了脂肪表面，強大的蛋白質被擠走了，脂肪分子自我保護的能力就大大減弱。當這些脂肪顆粒進入冰淇淋機被攪拌的時候，脂肪顆粒們難免磕磕碰碰。外力實在太大，兩個顆粒碰到一起的部份嚴重變形，以至界面消失，從而融合在了一起。但是因為溫度降低，脂肪同時固化，所以兩個碰撞的顆粒只是部份融合。一個又一個的碰撞及部份融合的發生，就產生了最後那種互相連接的糖葫蘆結構。

結語

不難看出，冰淇淋的特有結構是經均質化、冰箱儲存、降溫攪拌形成的。如果冰淇淋已經融化了，那麼首先冰粒就化成了水，而那些部份融合的脂肪顆粒也融合成了大顆粒。整個體系恢復到了均質化之前的狀態，僅僅放回冰箱無法恢復冰淇淋的結構。

最初的冰淇淋是家庭小作坊生產的，那時的冰淇淋無法跟現代工業的產品相比。儘管我們仍然可以在廚房裏模擬冰淇淋的整個生產過程，但是由於均質化和降溫攪拌裝置過於簡陋，基本上無法做出商品冰淇淋的質感。

書　　名　**萬物皆有理**——你很熟悉但未必明白的那些事兒

作　　者　雲無心

責任編輯　宋寶欣

美術編輯　楊曉林

出　　版　天地圖書有限公司
香港黃竹坑道46號
新興工業大廈11樓（總寫字樓）
電話：2528 3671　傳真：2865 2609
香港灣仔莊士敦道30號地庫（門市部）
電話：2865 0708 傳真：2861 1541

印　　刷　亨泰印刷有限公司
香港柴灣利眾街德景工業大廈10字樓
電話：2896 3687 傳真：2558 1902

發　　行　香港聯合書刊物流有限公司
香港新界大埔汀麗路36號中華商務印刷大廈3字樓
電話：2150 2100 傳真：2407 3062

出版日期　2019年6月初版 / 2020年8月二版・香港

ISBN : 978-988-8547-83-8